Perry 小鼠实验系列丛书

Perry小鼠实操
初级教程

Perry's Basic Operation on Laboratory Mouse

刘彭轩　主编

北京大学出版社
PEKING UNIVERSITY PRESS

图书在版编目（CIP）数据

Perry 小鼠实操初级教程 / 刘彭轩主编. -- 北京：北京大学出版社，2025.3. -- (Perry 小鼠实验系列丛书). -- ISBN 978-7-301-35929-7

Ⅰ. Q959.837

中国国家版本馆 CIP 数据核字第 20255Y2H60 号

版权所有。未经出版社和作者事先书面许可，对本出版物的任何部分不得以任何方式或途径复制传播，包括但不限于复印、录制、录音，或通过任何数据库、信息或可检索的系统。
本书封底贴有北京大学出版社防伪标签，无标签者不得销售。

书　　　名	Perry 小鼠实操初级教程 Perry XIAOSHU SHICAO CHUJI JIAOCHENG
著作责任者	刘彭轩　主编
责 任 编 辑	黄　炜　刘　洋
标 准 书 号	ISBN 978-7-301-35929-7
出 版 发 行	北京大学出版社
地　　　址	北京市海淀区成府路205号　100871
网　　　址	http://www.pup.cn　新浪微博：@北京大学出版社
电 子 邮 箱	zpup@pup.cn
电　　　话	邮购部 010-62752015　发行部 010-62750672　编辑部 010-62764976
印 刷 者	北京九天鸿程印刷有限责任公司
经 销 者	新华书店
	720毫米×1020毫米　16开本　12.5印张　264千字 2025年3月第1版　2025年3月第1次印刷
定　　　价	100.00元

未经许可，不得以任何方式复制或抄袭本书之部分或全部内容。
版权所有，侵权必究
举报电话：010-62752024　电子邮箱：fd@pup.cn
图书如有印装质量问题，请与出版部联系，电话：010-62756370

《Perry 小鼠实操初级教程》
编委会

主　　编	刘彭轩
副 主 编（以姓氏拼音为序）	井　笛　聂　晶　王成稷　杨　宇
总 策 划	聂　晶
影像主编	宋　晗
病理主编	任佳丽
编　　委（以姓氏拼音为序）	蔡　婷　关　珊　贺双艳　黄　珊　聂　莹
	秦　蕾　王　炎
实操合作	博睿动物实验培训中心 / 湖南模式生物技术有限公司

评审专家
(以姓氏拼音为序)

包晶晶　西湖大学

蔡哲宇　广州医科大学

范　春　上海实验动物研究中心

孔申申　北京大学第一医院

林惠然　中国科学院深圳先进技术研究院

刘江宁　中国医学科学院医学实验动物研究所

刘　欣　湖北医药学院

聂　晶　博睿动物实验培训中心

曲莉芝　华南理工大学

田　勇　中国科学院生物物理研究所

袁水桥　华中科技大学

卓振建　北京大学深圳研究生院

特别鸣谢
（以拼音为序）

北京顺星益生物科技有限公司

导科医药技术（广东）有限公司

湖南欣妙禾教育科技有限公司

济南益延科技发展有限公司

界定医疗科技（北京）有限责任公司

上海精缮生物科技有限责任公司

思科诺思生物科技（北京）有限公司

凡例

一、本书解释操作步骤，以右利手者为例，左利手者请自行调整。

二、文中使用伊文思蓝溶液，是用于显示注入药物的位置和范围，为实操培训和个人练习时检验之用，并非实际实验之必需。

三、操作中使用的注射剂量和采血量，并非实际实验标准量，仅限于培训操作，以能够顺利完成操作技术为准。

四、安乐死事关动物伦理，无关操作技巧，故不在本书讨论范围之内。

五、本书为"Perry 小鼠实验系列丛书"第 7 册，侧重操作技术介绍，故书中涉及的非基础操作内容，请参阅丛书以下章节，不在本书赘述。

（1）麻醉药物的具体种类和浓度，请参阅《Perry 小鼠实验手术操作》"第 4 章 注射麻醉"和"第 5 章 吸入麻醉"。

（2）小鼠实验操作术语、体位等基础知识，请参阅《Perry 小鼠实验手术操作》"第 10 章 常用手术体位"。

（3）常用手术器械的使用方法属于操作的基本知识，请参阅《Perry 小鼠实验手术操作》第 6 章至第 8 章中关于镊子、剪子和注射器的使用。

六、在各章的"三、器械材料"中给出了所用器械的名称，在"四、操作"中，为了描述的简洁，在不影响理解、不出现混淆的情况下，一些常用器械和材料用其简称，例如，用剪子、镊子代指"三、器械材料"中给出的各类剪子和镊子。

七、本书各章"四、操作"中蓝色黑体字部分为"计点"内容，是给培训讲师的检测评估建议，学员可以忽略此内容。

前言

　　小鼠实验有很多种操作技术，在"Perry 小鼠实验系列丛书"里就涉及数以百计的方式方法。自从有了小鼠实验，世界各国都在持续开展大量的小鼠实验操作。有的实验室相对封闭，摸索出来的操作技术在其内部代代相传；更多的是操作人员模仿外科手术方式方法进行操作；有的以专业文献为本，按图索骥；也有的自己琢磨着干。其结果是，大量名称相同的实验操作在使用着各种各样的方式进行着，实验结果数据常难以互相比较。如果仅依据文献做研究，暂且不论各实验室小鼠状况的千差万别，单仅有些文献本身的操作就存在缺陷这一点，其实验结果有多少可信度就可想而知了。因此，一套系统的、科学的、详尽的操作规范是当前从事小鼠实验工作人员的期盼，更是现代科研大数据的需求。

　　三年来，"Perry 小鼠实验系列丛书"已经出版了 6 册，不少专业朋友们建议我再写一套小鼠实验操作培训教程，能够给新进入动物实验领域的朋友提供专业的学习资料，给众多实操教学的老师提供专业、详尽的参考。

　　年初和几位业内资深专家一起探讨教程写作之事，得到众人支持，并帮助我拟定了初级教程的内容范围。最终定下来 36 项基础操作，为同道们的小鼠操作教学提供参考。

　　一般的操作教程会平铺直叙地描述操作步骤。鉴于目前常见的不规范操作和大量误解，为了读者能够深入了解教程的科学性，本书在每个操作中增添了以下 6 个内容：① 明确指出了流行的操作误区和知识误区。② 专节讲解相关解剖学基础知识。③ 对每一个操作，根据我和众多同道的长期从业经验，指出了应注意的关键要点。④ 操作的每一步骤都有计点规则，可供讲师教学评定，学员也可从中了解该步骤在整个操作中的重要性。⑤ 每个操作都留有数个思考题，供讲师和学员讨论。⑥ 每个操作都提供了拓展阅读内容，有助于学员对小鼠解剖及操作技术的全面把握。本书力争图文并茂，每个操作都有系列操作图片直观展示。

历时一年时间，本书边撰写，边印证，终于全面完稿。在此，我首先要感谢聂晶博士，她不但完美胜任了本书总策划的工作，而且博睿动物实验培训中心在她的带领下，进一步完善了本教程内相关病理资料，经她的实操团队全面反复手术操作，最终确认了本书内容，并开始用于培训实践，取得了理想的效果。践行了本书"出于实践，回归实践"的编写理念。

感谢博睿动物实验培训中心所有参与本书编写的老师们。没有他们千百次的手术操作检验和千百份影像病理资料，就不会有目前这个水平的教程奉献给读者。

还要感谢本书顾问团队的专家们，毫无保留地提供自己的宝贵经验和建议。感谢王成稷和杨宇等实力派新秀们在本书写作和实践中做出的杰出贡献。

最后感谢北京大学出版社长期以来的支持，感谢黄炜编辑在这套丛书出版中所付出的不懈努力。

祝愿小鼠实验的基础能够日益夯实，小鼠实验外科学能早日成型并日臻完善，科技发展能够脚踏实地稳步前行。

刘彭轩
2024 年末

目 录

第一篇　非全麻状态操作 ·· 1

第 1 章　双手保定 ·· 3
第 2 章　单手保定 ·· 9
第 3 章　交叉保定 ·· 12
第 4 章　灌胃 ·· 16
第 5 章　腹膜腔注射 ·· 21
第 6 章　生殖脂肪囊注射 ······································ 25
第 7 章　前路皮下注射 ·· 30
第 8 章　后路皮下注射 ·· 33
第 9 章　肌间注射 ·· 36
第 10 章　股直肌注射 ·· 40
第 11 章　胫骨前肌膜下注射 ································ 44
第 12 章　尾侧静脉注射 ·· 49
第 13 章　眼眶静脉窦注射 ···································· 55
第 14 章　尾侧动静脉采血 ···································· 59
第 15 章　颞浅动静脉采血 ···································· 63
第 16 章　颌外动静脉采血 ···································· 66
第 17 章　眼眶静脉窦毛细玻璃管采血 ················ 69
第 18 章　新生鼠灌胃 ·· 73
第 19 章　新生鼠腹腔注射 ···································· 76

第 20 章　新生鼠眼眶静脉窦注射 ……………………………………………… 80

第二篇　全麻状态操作 …………………………………………………… 85

第 21 章　皮内注射 ……………………………………………………………… 87
第 22 章　大收肌注射 …………………………………………………………… 91
第 23 章　颈外静脉注射 ………………………………………………………… 95
第 24 章　颈外静脉采血 ………………………………………………………… 100
第 25 章　开腹 …………………………………………………………………… 104
第 26 章　采血开关 ……………………………………………………………… 109
第 27 章　心脏穿刺 ……………………………………………………………… 114
第 28 章　眼眶静脉窦竭血 ……………………………………………………… 122

第三篇　剖检操作 …………………………………………………………… 127

第 29 章　皮肤剥离 ……………………………………………………………… 129
第 30 章　脊柱剥离 ……………………………………………………………… 133
第 31 章　皮下标本采集 ………………………………………………………… 137
第 32 章　深层标本采集 ………………………………………………………… 146
第 33 章　视网膜采集 …………………………………………………………… 159
第 34 章　脊髓采集 ……………………………………………………………… 164
第 35 章　骨髓采集 ……………………………………………………………… 169
第 36 章　全脑采集 ……………………………………………………………… 175

附录 ………………………………………………………………………………… 181

非全麻状态操作

第一篇

第1章 双手保定

一、概述

小鼠保定有两种方式（图1.1）：徒手保定和器械保定。

徒手保定分两步：控鼠和固定。控鼠是限制小鼠逃逸，例如，捉住鼠尾或压住鼠背，使小鼠无法逃逸但有很大的活动度。固定的目的是在控鼠之后，以一只手固定小鼠，在很大程度上限制小鼠的活动。

徒手保定有多种方式。常见的有三种：双手保定、单手保定和交叉保定。

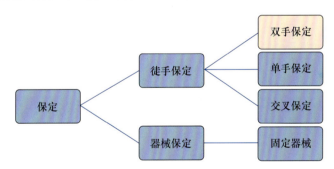

图1.1 小鼠保定方式。粉色框部分为本章涉及内容

双手保定是基本操作，要求控鼠和固定之间的时间越短越好。该方式的优点是易于掌握。

单手保定是操作条件所限，不得已而选择的方式。

交叉保定是把控鼠和固定明确分为两个步骤。单手控鼠后，换手固定。适宜于从容保定。

本章着重介绍双手保定的方法。

1. 常见操作误区

（1）"左手抓住鼠尾后先耐心观察，等待小鼠安静下来，择机出手。"如此操作的结果是丧失控鼠良机，给小鼠以伤害操作者的准备。

（2）"采用'C'形手法，用左手拇指和食指的指尖牢牢捏住小鼠的后颈皮肤。"这种手法在专业文献的图像中屡见不鲜。采用"C"形手法（图1.2），手指接触小鼠皮肤的面积小，不但控制不牢，而且会给小鼠带来比"V"形手法（图1.3）更大的疼痛感，甚至使小鼠产生窒息感，令小鼠挣扎不止，容易咬伤操作者。

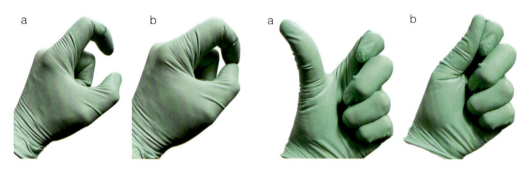

图1.2　"C"形手法示意。a.张开；b.闭合　　　图1.3　"V"形手法示意。a.张开；b.闭合

（3）"左手拇指和食指指尖牢牢按压鼠背，避免小鼠逃脱。"如此操作往往会用力过度，对小鼠脊柱造成伤害。

（4）"拎尾旋转小鼠，致其眩晕，以策安全。"从实验动物伦理方面来看，此操作是否合规有待商榷，而且效果也不明显。

2. 专业操作的原则

徒手接触清醒的动物的原则：第一，安全操作；第二，效果可靠。

安全操作涉及操作者安全和动物安全。

（1）操作者安全：操作者避免被小鼠咬伤。要求其动作要迅速，触鼠时间把握在3 s内，趁小鼠尚未反应过来，快速控制之。

（2）小鼠安全：小鼠被控可靠，既要很好地限制其活动，又不可使其感到难以忍受的疼痛。这就需要无论在力度上，还是位置上都控制得恰到好处。

而"V"形手法无论从安全操作还是效果可靠来看，都能很好地满足要求。

二、解剖学基础

小鼠为松皮动物，躯干部皮肤松弛，然而四肢、头尾皮肤并不松弛（图1.4）。

手指在近侧线部位处开始抓持皮肤（图1.5），使侧线以上的皮肤被向上拉，在背部折叠成褶。胸腹部的皮肤因绷紧而令小鼠四肢被控制呈外展体位。若从双耳间拉紧皮肤，可以控制小鼠头部，使其无法大角度旋转。图1.6示"V"形手法抓持时，皮肤呈褶区域。

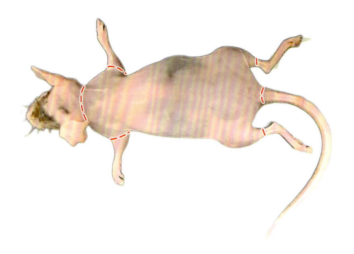

图1.4 红线虚线内为松皮区域

图1.5 小鼠侧线如虚线所示,线上部分为"V"形手法抓持区域

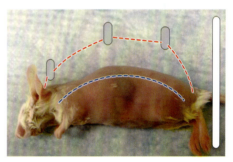

图1.6 "V"形手法抓持时,皮肤呈褶区域。红线为抓持时,背部皮肤被拉至的最高位置;蓝线为抓持时的侧线位置,其下部皮肤被绷紧

小鼠在清醒状态时对徒手保定的心理状态不尽相同。了解动物心理,有利于针对性地使用保定方法。

(1)逃避:大多数小鼠面对操作者伸来的"巨掌"的反应是恐惧,立即逃避,其选择的行为是头部远离、尾部朝向操作者。应利用此有利条件迅速抓住其尾部,不要等到将其逼迫到鼠笼角落后返身时才下手。

(2)反抗:此行为多见于雄鼠、某些特殊种类小鼠或者笼中"鼠王"。反抗最厉害的是在一笼小鼠被依次提出后,留下的最后一只小鼠,孤独、恐惧往往使其反抗尤甚。表现为头部朝向操作者,做出向前扑的姿势。

(3)安静:此行为多见于被多次提出并被操作的小鼠(熟鼠),尤其是雌鼠,面对擒捉不躲避,非常配合。这类小鼠在给予腹腔注射时,小心其膀胱异常充盈。进针时需更加远离膀胱。

（4）绝望：此行为多发生于一笼中最弱的小鼠，逆来顺受，不敢反抗。被擒捉时表现为四肢伸长，后背高耸，轻微左右摆动，全身颤抖，面对擒捉不敢稍动。此时擒捉一般较安全。

三、器械材料

徒手操作一般带乳胶手套即可，对于反抗激烈的小鼠，须带特制防护手套；另需粗糙台垫一块，面积不小于 40 cm×40 cm。

四、操作

双手保定是小鼠徒手保定的基本手法。需要双手配合，最终将小鼠控制于单手。以下以右利手者为例进行介绍。

1. 操作手势

操作者左手控鼠，出手如夹子（图 1.7），以大拇指第一和第二指骨掌面为夹子的一个夹面，以食指全弯曲的第二和第三指骨内侧面（对拇指侧）为夹子的另一个夹面。大拇指是主要用力指面，食指是受力面，这是因为手指的主要用力方向是屈指。

2. 操作步骤

（1）提鼠。左手虎口朝向鼠头方向，拇指和食指捏住鼠尾中部或后部，将小鼠从鼠笼中提出。

注意：右手捏鼠尾太靠前，容易被小鼠回头咬伤操作人员手指。

捏持尾根部，不计点；虎口朝向鼠尾方向拿捏鼠尾，不计点。

图 1.7　左手指两个夹面。红色虚线示指夹面，蓝箭头示夹持小鼠时手指夹用力的方向和动作幅度

（2）落鼠。将小鼠放到粗糙台垫上，使小鼠双前爪先着落于台垫上。向后上方拉紧鼠尾，令小鼠不能挣扎前行，形成僵持状态（图 1.8）。

注意：过度牵拉，会使小鼠被拉向后退；拉力不够，小鼠能够挣扎前行。

有人习惯将小鼠放在鼠笼箅子上。一般箅子上的纵金属丝适宜小鼠前爪抓持，但是短时间内常抓持不住。

使用粗糙台垫，小鼠可以四爪落地时立刻抓牢垫面，比鼠笼箅子更方便快速控鼠，可以满足触鼠时间的要求。建议使用粗糙台垫，不用鼠笼笼子。

小鼠前爪落地不能在 2 s 内抓牢垫面，不计点；小鼠在前爪着地后仍可前行或后退，不计点。

（3）触鼠。在落鼠前右手呈"V"形手势，随着小鼠落于台垫上；前行僵持时，迅速以"V"形手法夹住小鼠双耳间和背部皮肤（图 1.9）。

图 1.8　小鼠被放下后，挣扎欲前行呈僵持状态。右箭头示小鼠前行方向，左箭头示牵拉鼠尾方向　　图 1.9　迅速下压，以"V"形手法夹持小鼠

注意：右手食指第一指关节稍弯曲，第二、三指关节尽量弯曲。令拇指与食指第二、三指关节形成"V"形。拇、食指分开不小于 8 cm，以满足能一把夹住小鼠两侧腋中线。

右手出手必须迅速，从小鼠四爪着地，到操作者右手触及鼠背的时间称为"触鼠时间"。专业操作时，此时间应控制在 3 s 内，所以在左手将小鼠放到台面的同时，右手已随之出动，不给小鼠驻爪观看的机会。

在小鼠尚未反应过来时，以"V"形手法快速准确地夹住小鼠耳间－后颈部皮肤。被夹持的皮肤范围：左、右起自双耳内侧、腋中线；前至双耳中部，后达腰部。夹鼠区域如图 1.6 所示。如果右手着落点偏后，前端未至后颈部，可以轻压小鼠背部，以"V"形手势前推到后颈双耳部位再夹紧背部皮肤。

常见失误 1：用食指和拇指的指尖掐住小鼠皮肤（"C"形手法），此手法很难固定小鼠，且小鼠容易回头咬伤操作者手指。

常见失误 2：犹豫不决地伸出右手去触及小鼠皮肤，使小鼠做好攻击准备。

"C"形手法控鼠，不计点；右手未能在小鼠前爪着地后 3 s 内出手，不计点。

（4）控鼠。右手拉直鼠尾，左手中指或无名指将鼠尾根部按压于大鱼际上（图 1.10），小鼠从颈部到背部被夹紧时，脊柱呈一条直线（图 1.11），此刻小鼠四肢活动受限。

注意：手较大的操作者可用中指压迫鼠尾，手小者可用无名指。

未固定鼠尾，不计点。

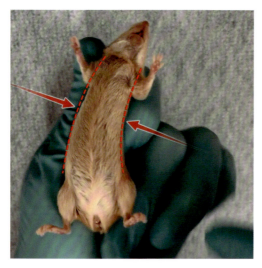

图 1.10　小鼠大面积颈背皮肤被控制住，疼痛较少，固定牢固

图 1.11　小鼠背部被夹紧时，四肢活动受限

五、思考题

（1）双手保定时，为了防止被小鼠咬伤，应注意的操作事项有哪些？
（2）"V"形手法和"C"形手法的区别是什么？

六、拓展阅读

《Perry 小鼠实验手术操作》"第 2 章　捉拿手法"。

第 2 章
单手保定

一、概述

小鼠单手保定（图 1.1）是常用的三种徒手保定方式之一，是仅有单只手抓持小鼠时的不得已操作，是需要掌握的比双手保定更进一步的操作技术。

1. 常见操作误区

"第二步控制鼠尾的位置在尾根部。"如此操作会导致在第三步抓持小鼠时，拇指和食指没有实施"V"形手法的空间，只能采用"C"形手法。

2. 专业操作

单手保定操作过程分三个步骤：第一步是拇指和食指控制鼠尾；第二步是无名指和小指控制鼠尾；第三步是拇指和食指控制颈部和背部皮肤。要求用一只手迅速、流畅地完成三个步骤的动作。

其中，第二步控制鼠尾的位置在中部，以保证第三步可以利用"V"形手法控鼠。

二、解剖学基础

相关解剖学知识请参阅"第 1 章 双手保定"。

鼠尾可以大角度弯曲。其尾长基本与从头到尾根的长度相等。成年小鼠尾长约为 10 cm，鼠尾中段到背部距离约为 10 cm。采用"V"形手法时，无名指外缘（与小指相邻）到拇指前端的距离约为 8 cm，而"C"形手法，其距离约为 5 cm。故控制鼠尾中部才能满足采用"V"形手法控鼠时，第二步转换到第三步操作的距离要求。

三、器械材料

乳胶手套；粗糙台垫一块，面积不小于 40 cm × 40 cm。

四、操作

1. 操作步骤

（1）捏尾（图2.1）。左手虎口向尾尖方向，捏住小鼠尾远端将其提出鼠笼。

注意：① 捏鼠尾远端，是为了给下一步无名指和小指捏鼠尾中部留下转换空间；② 虎口朝向尾尖，与双手保定相反。

拇指和食指捏鼠尾中部或尾根部，不计点；虎口朝向鼠头方向拿捏鼠尾，不计点。

（2）落鼠。将小鼠放到粗糙台垫上，使四爪或两前爪落于台垫上。

注意：并非必须四爪落地后才可以进行下一步操作，如果小鼠前爪刚刚落于台垫上就进行下一步操作，也是可以的。但是在进行下一步操作的同时，需继续完成后爪落地动作，不可令小鼠后爪长时间保持悬空状态。

后爪始终没有落地，不计点。

（3）夹尾（图2.2）。迅速以无名指和小指第二指节夹住鼠尾中部。

注意：此时左手4只手指均夹持鼠尾，虎口从向鼠尾转为向上。无名指和小指不可夹持尾根部，否则下一步将迫不得已采取"C"形手法控鼠。

无名指和小指夹持尾根部，不计点。

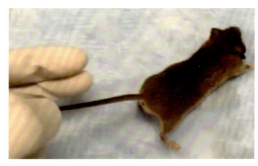

图2.1　拇指和食指捏住尾后部

图2.2　无名指和小指夹住尾中部

（4）控鼠（图2.3，图2.4）。拇指和食指放开鼠尾，以"V"形手法夹住小鼠颈部和背部皮肤，完成单手保定。

注意：这一步是将虎口由向上变为向鼠头方向的手法，使拇指和食指的拿捏位置控制在双耳到背部区域。

拿捏皮肤位置靠前或靠后，均不计点；"C"形手法控鼠，不计点；三个步骤未连续进行，不计点。

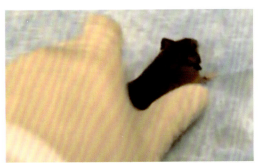 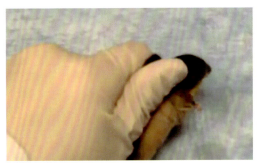

图 2.3　拇指和食指夹住颈部和背部皮肤　　　　图 2.4　完成"V"形手法控鼠

2．操作要点小结

（1）第二步夹持鼠尾的位置在鼠尾中部，方可保证采用"V"形手法控鼠。

（2）三个步骤中虎口从朝向尾尖到向上，再到朝向鼠头的转变，要连续进行，不可停顿。

五、思考题

（1）为什么第二步必须拿捏在尾中部，而不是尾根部？

（2）为什么三个步骤必须连续进行？

六、拓展阅读

《Perry 小鼠实验手术操作》"第 2 章　捉拿手法"。

第 3 章
交叉保定

一、概述

三种徒手保定方式（图1.1）都有两个连续步骤：控鼠和固定。只有在交叉保定中，这两个步骤可以不连续进行，这也是交叉保定的优势所在。

交叉保定是一只手先行控鼠，另一只手以"C"形手法接过小鼠，再改变手法，进一步完成保定。该方法的优势是可以及时控鼠，从容保定；也可单纯完成第一步，这时多用于小鼠性别辨别、粪便采集等。

1. 常见操作误区

"右手按压小鼠腰部，远离鼠头，以防止小鼠咬伤。"其实按压部位离鼠头越远，越有利于小鼠回头咬伤操作者的右手。

2. 专业操作

右手准确捏住鼠尾中段，小鱼际压住小鼠背部，既限制小鼠回头，又给左手留出捏颈的空间。

二、解剖学基础

小鼠是松皮动物，背部皮肤从腋中线大面积抓起，方可固定小鼠，避免其挣扎。然而，传统的"C"形手法无法大面积抓起背皮，因此需对该手法加以改良。

当小鼠背部被控时，它回头不能咬到压迫其背部的手；而腰部被控时，则可以咬到压迫腰部的手。所以操作者的第一只手的外缘要压迫小鼠背部，虽然更靠近其头部，但是比压迫腰部更安全。

三、器械材料

乳胶手套；粗糙台垫一块，面积不小于 40 cm × 40 cm。

四、操作

交叉手法是一种缓行手法，初步仅以右手控鼠，可以用于辨别小鼠性别或采集粪便；进一步以左手交叉控鼠，放开右手，完成左手控鼠。

1. 操作手势

在交叉保定中用到的是"OK"手势，拇指和食指捏合点到手掌外缘的距离约为10 cm（图3.1），该长度基本与小鼠躯干长度、尾长相等。当用食指和拇指捏住鼠尾中段（虎口朝向尾尖，手心向下）时，小鱼际位于鼠背部位。

2. 操作步骤

（1）捏尾（图3.2）。采用"OK"手势，以右手拇指和食指指掌关节捏住鼠尾中部，虎口朝向尾尖方向，将小鼠拎出鼠笼。

注意：小鼠交叉保定第一步拿捏鼠尾的方向与单手保定相同，虎口朝向尾尖方向。如此方可以手掌外缘按压鼠背。若操作者手掌宽大，拿捏鼠尾的位置相应后移；若手掌窄小，则位置前移。总之，原则是当虎口向上时，小鱼际位于鼠背部位；换言之，手掌外缘可以压迫到小鼠的胸背部。

图3.1　食指和拇指捏合点到手掌外缘的距离约为10 cm

捏住小鼠尾尖或尾根部，不计点；右手虎口朝向鼠头，不计点。

（2）压背（图3.3）。使小鼠四爪落于台垫上。手掌迅速外旋，虎口方向由朝向尾尖转而向上，以掌和小指外侧缘轻压小鼠胸背部。

图3.2　以右手拇指和食指的指掌关节夹持鼠尾中部

图3.3　放平手掌，以掌和小指外侧缘轻压小鼠胸背部

注意：手掌外旋，会将小鼠后半身提起，后爪立刻脱离台垫。此时可以辨别小鼠性别，或采集粪便。如果实验目的在于这两项，操作可以到此为止。如果控鼠为了行其他操作，则进行后续操作。手掌外缘压迫位置偏后，小鼠头部活动度大，容易回头咬伤操作者右手；压迫位置偏前，则左手拿捏颈部的空间过小，会造成下一步操作困难。

手掌外缘压迫小鼠部位偏前到颈部或偏后到腰部，均不计点。

（3）交手（图3.4）。左手从右手上方越过，以"C"形手法控制小鼠。

注意：这个交叉手动作的时限不同于双手保定，其时间充裕，因为小鼠已经处于半控制状态。由于右手外缘压迫鼠胸背处，仅仅露出小鼠后颈部和头部，故无法行"V"形手法控制小鼠。迫不得已行"C"形手法，用左手拇指和食指捏住小鼠后颈皮肤。

左手压迫右手，导致小鼠被压过重，不计点。

（4）放手。放开右手，小鼠完全交于左手。

注意：放开右手后，小鼠仅凭左手控制，其腰背部和尾部的控制被暂时解除。

双手交接过程中，小鼠逃脱，不计点。

（5）完善（图3.5）。右手将鼠尾拉直，左手无名指将尾根部按压在大鱼际上，中指将小鼠背部皮肤也按压在大鱼际上，以弥补"C"形手法控鼠不良的漏洞。

注意：这是"C"形手法的改良，不得已而为之。拇指和食指不要过于用力掐鼠颈皮肤，以免小鼠因疼痛和颈部皮肤被拉紧而出现呼吸困难。

因"C"形手法控鼠不牢，小鼠出现松动或呼吸困难，不计点。

图3.4 以左手拇指和食指呈"C"形夹持小鼠后颈部皮肤

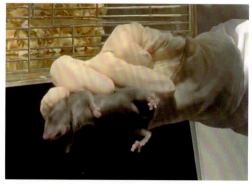

图3.5 松开右手，以左手中指将小鼠背部皮肤按压于大鱼际上，无名指压住尾根部，完成交叉固定

3. 操作要点小结

（1）右手捏住鼠尾的准确位置要根据操作者手掌的宽度决定，以手外缘压迫小鼠胸背部为原则。

（2）交叉保定必须完成"C"形手法的补救措施，方可安全控鼠。

五、思考题

（1）为什么第一步要拿捏住鼠尾中部，而不是尾尖？

（2）为什么交叉手法不能用"V"形手法完成保定？

（3）交叉手法如何弥补"C"形手法的不足？

第4章

灌胃

一、概述

在小鼠实验中，灌胃是常用操作方法，用以模拟临床口服药的给药途径。

虽名为灌胃，但在实际操作中，大多数是"灌食管"，少数因为特殊原因，必须将灌胃针头一直插入胃中，行真正的"灌胃"操作。例如，药物的pH值非常低，为了避免烧伤食管，采取回避食管的灌胃操作。无论是灌胃还是灌食管，基本操作是相同的。本章介绍最常用的灌食管操作方法。

1. 常见操作误区

（1）"先令小鼠仰头，再顺口腔进针食管。"在操作中运用错误的解剖知识，会误使灌胃针进入气管（图4.1）。小鼠仰头后，口腔对着声门，先仰头后进针，针头只能经声门插入气管。

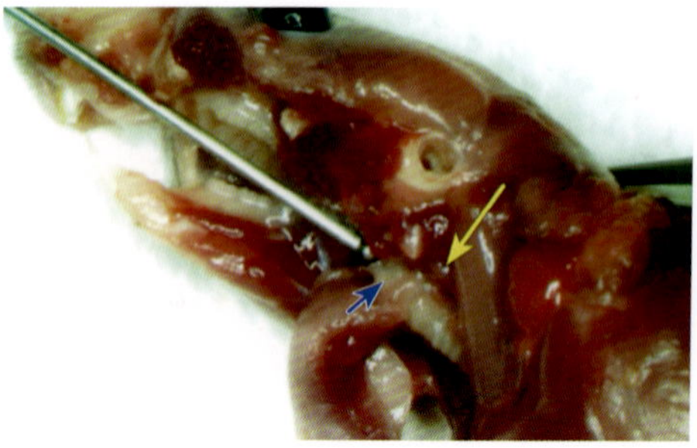

（2）"用灌胃针在体外从口角测量到肋后缘，以决定针头进胃的长度。"实际上，当小鼠处于头上尾下位时，针头插入食管后，由于胃下垂和灌胃针的下抵，胃贲门被向下推约2 cm，超过了肋后缘。

图4.1 先仰头的错误操作——针头进入气管。蓝箭头示喉部；黄箭头示咽部

2. 专业操作

基础"V"形手法徒手保定清醒小鼠，用灌胃针经口进针越过喉部至咽部（图4.2），再令小鼠仰头，然后针头可以顺利进入食管（图4.3）。一般成鼠灌食管用针不短于3 cm，灌胃用针不短于6 cm。

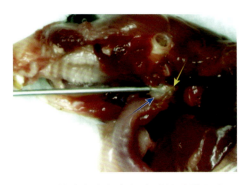 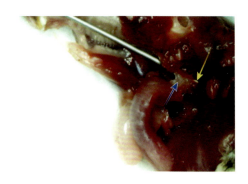

图 4.2 针头在小鼠未仰头时越过其喉头。蓝箭头示喉部；黄箭头示咽部

图 4.3 到达小鼠咽部再令其仰头，针头进入食管。蓝箭头示喉部；黄箭头示进入食管的针头

二、解剖学基础

不可以小鼠静止状态的解剖结构来设计灌胃操作，而应充分考虑小鼠体位变化等带来的解剖特征的变化。

（1）活体进针深度比尸体测量值要大很多。灌注针如果要达到胃里，需要根据灌注时小鼠的口到胃贲门的实际距离决定进针深度。食管富有弹性，横膈中央区域无肌肉。小鼠直立体位时处于体位性胃下垂状态，食管被拉长。灌胃针进入食管，与食管的摩擦会进一步撑长食管。成年小鼠食管长约 4 cm，活体小鼠直立体位时，由于胃下垂，食管被拉长到 5 cm。当灌胃针进入食管，食管被拉长，总长可达 6 cm。

（2）食管颈段和胸段随脊椎走行，随脊椎弯曲的改变而改变，进入腹腔后不贴腰椎走行。操作者可以手控小鼠颈椎和胸椎的生理弯曲度，以适应灌胃针的行走轨迹，避免刺穿食管。

（3）小鼠头后仰，硬腭自然与喉成直线，不能与食管成直线。故先仰头，灌胃针无法进入食管。

三、器械材料

小鼠灌胃针头：直金属针杆，长度不短于 3 cm，泡沫塑料头；后连接 1 mL 注射器。选择泡沫塑料头是因其直径较大且富有弹性，难以进入气管，方便进入食管，故较安全；直针杆便于控制进针角度；金属针杆小鼠咬不动，第二次灌胃时不会再啃咬针杆。

四、操作

1. 操作步骤

（1）控鼠。操作者立姿。左手徒手保定小鼠，头上尾下位，小鼠舒适无挣扎。左手中指微前顶小鼠背部，使小鼠颈椎和胸椎呈直线，生理弯曲暂时消失。

注意：成功控鼠后的小鼠状态（图4.4）是小鼠身体头上位垂直被握于左手内，头稍上仰，约45°。双上肢水平前举，略外展。背部和颈部皮肤适度夹紧，小鼠固定无挣扎，无呼吸困难。食管紧贴着颈椎和胸椎走行。颈椎和胸椎的生理弯曲被拉直，是为了避免灌注针头在弯曲的食管内难以下插。

握鼠偏后，小鼠头活动度大，不计点；"C"形手法控鼠，小鼠头活动度大，不计点；控鼠捏皮过紧，小鼠呼吸困难，不计点；颈椎和胸椎生理弯曲明显存在，不计点。

图4.4 "V"形手法灌胃控鼠，颈椎和胸椎生理弯曲被拉直，硬腭与颈椎夹角约45°

（2）持针。右手采取拇、食、中指持针式，双上臂轻夹胸侧。双手操作高度位于视平线偏下方。

注意：双臂夹胸侧，目的在于稳定手臂。工作视轴角度需符合人体颈椎生理弯曲，所以在视平线偏下。

没有稳定上臂的措施，不计点；已经控制了小鼠，尚未准备好注射器，不计点。

（3）进针（图4.5）。保持小鼠被控时头微上抬体位，灌注针头入鼠口，右手无名指保持轻度向前顶住针杆，使针头贴硬腭进入。

注意：针头贴硬腭进入，在针头到达咽部之前，不要改变鼠头的俯仰角度。根据小鼠实用解剖特点，鼠头后仰，会使口腔纵轴与气管在同一条直线上。如果过早竖起针头强制小鼠仰头，针头会贴着硬腭进入气管。如果针头贴舌面进针，会将舌根向后推进，堆积在咽喉部，使针头无法深入。

过早令鼠头后仰，不计点；针头未贴硬腭进针，而贴舌面进针，导致将舌根推向咽喉部，进针受阻，不计点。

（4）转角（图4.6）。针头越过喉，到达后咽，右手腕稍向鼠头旋转，使鼠头后仰。

注意：过早旋转针头令小鼠后仰，会使针头插入气管。

过早令鼠头后仰，不计点。

（5）入食管（图4.6）。针头到达咽部后，右手无名指离开针筒，中指稍压针筒，令针头向小鼠腹侧倾斜（内收），针杆与食管呈直线，此时可以顺利插入食管。

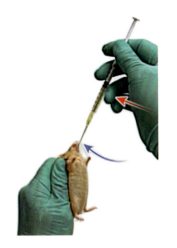

图4.5　平头进针。无名指向前顶，针头贴硬腭

图4.6　针头抵达后咽，令头后仰。中指后压，针头进食管前端

注意：没有向腹侧倾斜一下的插入动作，容易损伤食管。为避免过度损伤小鼠，如非特殊需要，针头进入食管即可灌胃。

针头长度的选择：一般成鼠食管灌胃，针头长度约3 cm。入胃针头长度不小于6 cm。至于特殊形体小鼠灌胃针头长度的选择，不能简单地通过体外测量口－胃距离来决定。必须考虑到在小鼠垂直体位下，胃下垂可导致食管被拉长，还需考虑灌胃针进入食管后，食管被撑的长度。

特殊需要时，如药液的pH值偏低，针头必须进入胃，实行真正的"灌胃"操作。

（6）灌注（图4.7，图4.8）。针头全部进入食管，右手中指从注射器前面移到后面，与保留在前面的食指轻轻控制注射器，拇指放开针筒，下压针芯，匀速灌入药液。

注意：这个手指换位的过程对注射器的把持非常轻松，注射器有短暂的完全离开手指的时间。推药过快，会损伤食管和胃；过慢，会延长小鼠不适的时间。

此步骤注射器握持太紧，不计点；右手中指和拇指换指不顺利，不计点；灌注非匀速，不计点。

图 4.7　针头插入食管后,中指转到注射器后面　　图 4.8　拇指转到针芯上,推注

（7）撤针。灌毕,拔针,维持头高尾低体位至少 5 s 后,将小鼠归笼。归笼时需后爪先着地。

注意：过早放平小鼠,因药物部分保留在食管内而容易使小鼠出现呛咳现象。后爪先着地同理。

忽略灌胃后保持头高尾低位 5 s,不计点；未令小鼠后爪先着地,不计点。

2. 操作要点小结

（1）以"V"形手法控制小鼠。

（2）贴硬腭进针。

（3）进针到达咽部再令小鼠仰头。

（4）针头到咽部,先内收再入食管。

（5）灌注完毕,避免呛液。

五、思考题

（1）小鼠头后仰位时,硬腭与食管成直线,还是与气管成直线？

（2）灌胃控鼠为什么要消除颈椎和胸椎的生理弯曲？

（3）灌注过程中,右手持针是紧还是松？

六、拓展阅读

《Perry 小鼠实验给药技术》"第 1 章　灌胃"。

第 5 章 腹膜腔注射

一、概述

小鼠体形小,腹腔相对大;腹壁薄,针头容易刺入。这些特点促使腹腔注射成为小鼠实验中常用的给药方法。

因注射物不同,腹腔注射分为溶液注射和混悬液注射。溶液注射的靶目标是药液被吸收进入血液循环;混悬液注射的靶目标是药物进入腹膜腔。因此,腹腔注射既可以用于注射溶液,也可以用于注射混悬液。本章介绍腹膜腔注射。

1. 常见知识误区和操作误区

(1)"腹腔就是腹膜腔。"腹腔是躯干的一部分,在解剖学上有明确的区域;腹膜腔是腹腔内的一部分,为不规则腔隙。

(2)"腹腔注射就是腹膜腔注射。"腹腔注射不都是腹膜腔注射(图5.1),腹膜腔注射也不等于腹腔注射。

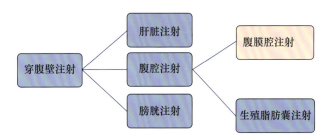

图 5.1　小鼠穿腹壁注射分类

(3)"腹腔注射后,药物均被肠系膜吸收入肝脏。"腹腔注射的药物吸入途径可以回避肝脏的首过消除,经生殖脂肪囊直接进入后腔静脉。

(4)"手控小鼠,无须控制注射侧后肢。"这是常见的不安全操作,小鼠挣扎时,后爪抓扯针杆,有可能导致针头划伤其腹部。

(5)"注射时左、右手无须固定支撑。"这是常见的另一个误区,导致难以精确进针深度。

（6）"注射时头低位，可以使腹腔脏器前移，避免针头刺伤肠管。"由于小鼠躯干皮肤被抓紧，腹部紧绷，腹腔脏器不会随体位移动。

2. 专业操作

左手以"V"形手法控制小鼠，并控制其左后肢；右手小指支撑于左手，以起固定作用，便于把握进针点、进针深度和角度；匀速注射，超量注射需要某些避免溢液的措施。

二、解剖学基础

腹腔是从前面的横膈膜到后面的阴囊，由整个壁腹膜围成的空间。腹腔内有多种脏器，这些器官都被脏腹膜包裹。这些脏腹膜之间、脏腹膜与壁腹膜之间的潜在间隙为腹膜腔，是腹膜腔注射药物的滞留空间。对于首过消除率高的药物，不能采用腹膜腔注射，又无法从其他途径（静脉注射、皮下注射、肌肉注射、灌胃等）给药，可以做生殖脂肪囊注射。

肝脏在腹腔前部，肾脏在腹腔背部，膀胱在后腹腔腹面中央部位。这个基本的腹腔脏器分布状态，决定了腹膜腔注射的安全区域在后侧腹部。由于小鼠的种类繁多，身体状态多有变化，腹腔脏器的体积和位置常有巨大改变，甚至在特殊情况下存在巨大肝脏、脾脏和膀胱等，因此，腹膜腔注射时应充分考虑，避免伤及这些器官。

三、器械材料

26～29 G 针头，1 mL 注射器，1% 伊文思蓝溶液 0.2 mL，酒精棉片。

四、操作

1. 操作步骤

（1）控鼠。操作者立姿。左手以"V"形手法控制清醒小鼠。小鼠头低尾高位。

注意："V"形手法具体操作请参阅第 1 章和第 2 章。小鼠被"V"形手法控制后，躯干皮肤被绷紧，腹腔内脏不会随体位而移动。因此，头低尾高位不是为了使肠管前移，而是避免小鼠应激性排尿污染操作者的手套和衣袖。

单纯"C"形手法，不计点。

（2）控腿（图 5.2）。将鼠尾以中指压于大鱼际肌肉上固定。将左后肢以无名指压于中指上。

注意：若没有控制左后肢，在针头刚刚刺入皮肤时，小鼠会发生挣扎，后爪会猛然抓扯针杆，可能导致腹壁被针尖侧刃划伤，甚至被开腹。

无论小鼠是否发生后爪抓针杆，没有控制左后肢，不计点。

（3）消毒。用酒精棉片小面积（小于 1 cm²）仔细消毒小鼠左侧腹部皮肤。

注意：酒精消毒面积过大，会因酒精挥发使小鼠体温明显下降。应严格控制消毒面积，事先局部备皮。

消毒面积大于 1 cm²，不计点；忽略酒精消毒，不计点。

（4）体位。左手持小鼠，双上臂轻夹胸两侧。

注意：站姿行小鼠腹腔注射，无操作台支撑，可借助上臂夹胸获得支撑。夹胸不可过紧，以免动作僵硬；夹胸不可过松，以免支撑不稳。

无夹胸意识，忽略夹胸，不计点。

（5）手位（图 5.3）。右手持注射器，小指伸直顶在左手小鱼际或手腕部位，做注射准备。

图 5.2　手控小鼠。拉直左后肢，无名指将其压在中指上

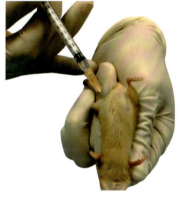

图 5.3　腹腔注射手位。右手小指顶于左手小鱼际。左手中指压住鼠尾，无名指压住小鼠左后肢

注意：右手小指固定于左手小鱼际，达到双手位置相对固定，以稳定控制进针深度和角度。

没有双手位置固定措施，不计点。

（6）进针。右手以食指和中指夹持针筒，拇指可以按住针筒后缘，不可触及针芯。于小鼠左后腹，向脊柱方向进针。针头刺穿皮肤后，有突破感即进入腹腔，此时停止深入。

注意：进针位置不是一成不变的，要根据小鼠的具体情况而定。对于多次腹腔注射的小鼠，因为没有应激性排尿，膀胱充盈，因此，进针位置需要较以往更偏向外侧，以避免伤及膀胱；对于特殊种属的巨脾小鼠，不可在常规位置进针，需要从后腹或阴囊进针，避免针刺入脾；孕鼠也要从阴囊进针，确保不刺伤胎鼠。

常见失误操作是针头刺入过深，容易伤及腹腔脏器或刺入生殖脂肪囊，无法形成腹膜腔注射。

<u>进针过深，进入皮肤超过 1 cm，不计点；针头未能进入腹腔，注射在皮下，不计点；进针时右手拇指触碰针芯，不计点。</u>

（7）注射。拇指按压针芯，匀速平稳注入药液。完毕后沿原针道拔针。随即将小鼠归笼。

注意：注射时右手仅拇指推针芯，其余 4 指固定不动。不沿原针道，而是粗暴拔针，针尖易伤及内脏、扩大针道。如果大剂量注射药液（超过 1 mL），需要选择较大的注射器，吸药液前先抽吸 100 μL 空气保留在注射器尾部。从常规进针点后 1 cm 处进针皮下，潜行 1 cm 后刺入腹腔。注射后拔针时，将空气注入皮下针道，以空气栓塞针道，阻止拔针溢液。

<u>没有沿原针道拔针，不计点；注射时拇指之外的手指有明显动作，不计点；大剂量注射没有皮下潜行，没有做皮下气栓，没有从常规进针点后进针，均不计点。</u>

2. 操作要点小结

（1）腹膜腔注射进针位置准确，进针深度尽量浅。

（2）注射前控制小鼠得宜。

（3）注射时针头稳定。

（4）若针尖变钝，在针尖突破皮肤的瞬间，会猛然刺入腹腔，进针深度失控。所以用针头刺入皮肤困难时，显示针头钝、不可用，<u>应立即更换</u>。

五、思考题

（1）小鼠腹腔注射时，如何避免药物首过消除？

（2）在小鼠腹膜腔注射进针时，为何持针手的拇指不要接触针芯？

（3）为什么小鼠腹膜腔注射不可用钝针头？

六、拓展阅读

《Perry 小鼠实验给药技术》"第 3 章　常规腹腔注射"。

第6章
生殖脂肪囊注射

一、概述

流行多年的小鼠腹腔注射，对如何避免肝脏的首过消除束手无策。药物进入腹膜腔，会被肠系膜血管吸收，经门静脉入肝脏。但是药物注入生殖脂肪囊，会被生殖静脉吸收，入后腔静脉，避开肝脏的首过消除。这对于首过消除敏感的药物，非常重要。

专业的腹腔注射必须做到根据药物的特性有选择地选用腹膜腔注射或生殖脂肪囊注射。

1. 常见操作误区

"腹腔注射的药物都经肠系膜血管吸收。"其实不然。腹腔里除了胃肠道器官以外，还有多种脏器和组织。若药物注射到其中某些脏器或组织中，不经过肠系膜血管吸收，不经过门静脉入肝，而是进入后腔静脉。

2. 专业操作

无须麻醉小鼠，行徒手保定。针头经皮穿肌肉入腹腔，刺入生殖脂肪囊注射（图6.1）。由于性别不同，雄、雌鼠的生殖脂肪囊的解剖结构差异很大，所以注射方法也不同。本章将分别予以介绍。

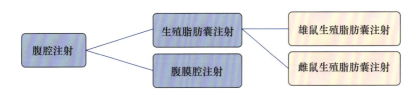

图6.1 腹腔注射方式分类。粉色框部分为本章涉及内容

二、解剖学基础

肠系膜和各种腹腔脏器的浆膜之间存在一个潜在的间隙——腹膜腔。腹腔注射可以把

药物注入腹膜腔,大部分药物经过肠系膜血管吸收,通过门静脉入肝脏。

小鼠生殖脂肪囊是腹腔内最大的脂肪组织(图6.2)。雄鼠有左、右两条(图6.3,图6.4),拉直长度可达2 cm。睾丸动静脉和附睾动静脉走行其间,其静脉汇入生殖静脉后,进入髂内静脉后入髂总静脉,汇入后腔静脉。由于药物不经过肝脏,没有首过消除效果。雄鼠生殖脂肪囊包绕睾丸和附睾的部分可以随睾丸和附睾进出阴囊。睾丸进入固定腹腔时,阴囊里基本没有生殖脂肪囊。

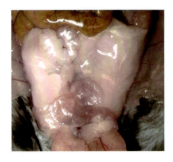

图6.2 雄鼠开腹,可见生殖脂肪囊覆盖腹腔腹面

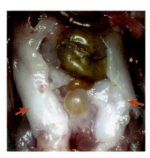

图6.3 从中间分开生殖脂肪囊,可见生殖脂肪囊分为左、右两条。箭头示左、右生殖脂肪囊

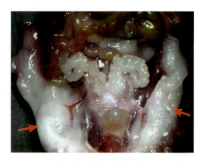

图6.4 将生殖脂肪囊拉开,暴露深面的精囊等腹腔脏器,可见生殖血管走行于生殖脂肪囊中。箭头示左、右生殖脂肪囊

雌鼠生殖脂肪囊内有子宫静脉走行,子宫静脉吸收生殖脂肪囊内的药物后可以经后腔静脉回流入右心,避免肝脏的首过消除。雌鼠的生殖脂肪囊(图6.5～图6.7)主要包裹子宫,位置较雄鼠为深,远端部分进入阴囊。雌鼠的阴囊远比雄鼠的小,生殖脂肪囊成为阴囊内唯一组织。阴囊内的生殖脂肪囊较易于行药物注射。

生殖脂肪囊后部位于阴囊内,借助生殖脂肪囊的整体牵拉,从前向后进针,便于刺入。反之,从后向前进针,可能将生殖脂肪囊推入固体腹腔而不能刺入。

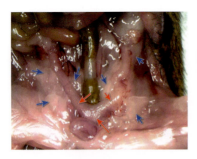

图6.5 雌鼠腹腔腹面解剖。红箭头示子宫,蓝箭头示生殖脂肪囊。可见生殖脂肪囊环绕子宫全长,以外侧和后部为多

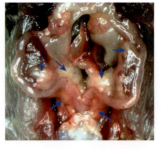

图6.6 雌鼠腹腔背面解剖。箭头示生殖脂肪囊。下方的左、右箭头所示的生殖脂肪囊深入阴囊

图6.7 雌鼠阴囊如箭头所示。内容生殖脂肪囊的远端部分

三、器械材料

29 G 针头胰岛素注射器，3 齿镊子，1% 伊文思蓝溶液 50 μL，酒精棉棒。

四、操作

1. 雄鼠生殖脂肪囊注射

（1）保定（图6.8）。无须麻醉小鼠，"V"形手法徒手保定，抓紧小鼠后腹部。

注意："C"形手法保定，不安全。"V"形手法控鼠时，要特别抓紧小鼠后腹部，这样可以更好地固定生殖脂肪囊，便于操作。

"C"形手法控鼠，不计点。

（2）进针（图6.9）。于左后腹向前方向，小角度快速进针。进针（生殖脂肪囊投影区）约 0.5 cm 停针。

注意：这一步是本操作的关键。

刺入方向：由于生殖脂肪囊受到提睾肌系膜的牵拉，向前移行程度有限，向后进针，失去提睾肌系膜的对抗牵拉，针头不容易刺入生殖脂肪囊。

刺入角度：角度过大，针头容易对穿生殖脂肪囊。

刺入深度：进针 0.5 cm，实际进入腹腔的针头约为 0.3 cm。因为是小角度进针，一般不会对穿生殖脂肪囊。

进针速度：生殖脂肪囊移动度很大，进针速度过慢，针头不容易刺入生殖脂肪囊。控鼠时小鼠后腹部被抓紧，有利于固定生殖脂肪囊，提高穿刺成功率，并避免刺伤睾丸和附睾（图6.8中圈示区域）。

针头刺入腹腔的位置、方向、角度、深度、速度，任何一个条件不对，均不计点。

（3）注射。停针缓慢匀速注射 50 μL 伊文思蓝溶液。

注意：注射量过大，注射速度过快，都容易溢液至腹膜腔。

大量、快速注射，均不计点。

（4）检验（图6.10）。当即安乐死，常规开腹，暴露左生殖脂肪囊，检测染液存在范围。

注意：检验方法采取剥皮方式。剥皮、开腹的方法详见第29章、第25章。

药液从生殖脂肪囊内外溢，不计点；药液没有在左生殖脂肪囊内，操作点数归零。

图 6.8　徒手保定小鼠，圈示非注射区域　　图 6.9　箭头示进针位置和插入方向　　图 6.10　注射后检验，圈示生殖脂肪囊内蓝染

2. 雌鼠生殖脂肪囊注射

（1）保定（图 6.11）。无须麻醉小鼠，行徒手保定。中指压鼠尾于大鱼际，无名指和中指夹持固定左后肢。小鼠头高位准备注射。酒精棉棒小面积消毒皮肤。

注意："C"形手法保定，不安全。

"C"形手法保定，不计点。

（2）进针。右手拇指、中指持注射器，无名指贴靠小鼠腹部以稳定针头。从左后腹紧邻阴囊部位向后进针。针头刺穿皮肤后深入数毫米，感觉针尖到达阴囊截面中心时，针头稍向腹面方向，使之与阴囊纵轴同向，继续进针，针尖超过阴囊中部，即可停止深入。

注意：雄鼠注射针头向前，刺入固定腹腔。雌鼠注射针头向后，刺入阴囊。二者方向正好相反。

这个操作需要判断针头的三维走向，沿阴囊纵轴深入，并在阴囊中部停止。进针位置过前，针尖不能有效到达阴囊。没有雌鼠阴囊解剖知识，不知道其位置，进针方向很难掌握。

右手无名指轻贴小鼠，可以有效稳定右手，精确控制进针角度与深度。

针头刺入的方向、角度、深度，任意一项不对，均不计点；进针时食指触及针芯，不计点；进针时，无名指没有贴靠小鼠给予支撑，不计点。

（3）注射。右手除了食指外，其余 4 指均稳定不动，食指缓慢匀速注射 50 μL 伊文思蓝溶液。

注意：注射溶液过多，会发生腹膜腔溢液。注射时食指方可接触针芯，其余手指必须稳住，避免针尖在生殖脂肪囊内移动。

注射时手没有稳住，不计点；注射速度过快，不计点。

（4）检验（图 6.12）。小鼠当即安乐死，常规开腹，暴露左生殖脂肪囊，检测伊文思蓝溶液存在范围。

注意：安乐死可以采取断颈的方法。剥皮时若看到阴囊外有伊文思蓝溶液弥散到腹膜腔，说明溶液溢出阴囊或针头没有进入生殖脂肪囊。若溶液局限在阴囊内，可以继续检验溶液是否有少量溢出生殖脂肪囊。将皮肤继续向后撕脱，将直肠、阴道和膀胱从骨盆口拉出，再用平齿镊或环镊小心地将生殖脂肪囊从骨盆口拉出，方便判断溶液是否完全注入生殖脂肪囊。成功的注射，可见体外生殖脂肪囊蓝染，空虚塌陷的阴囊无明显蓝染。

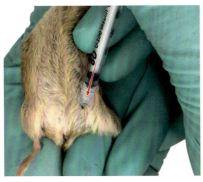

图 6.11　图示徒手保定、进针角度和深度。箭头示进针方向

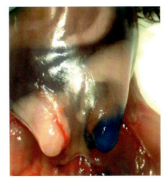

图 6.12　检验可见阴囊内的生殖脂肪囊蓝染

生殖脂肪囊内外均蓝染，不计点；伊文思蓝溶液没有在生殖脂肪囊内，所有点数归零。

五、思考题

（1）雌鼠阴囊里存在什么组织？
（2）为什么在生殖脂肪囊注射中，雌鼠的进针方向与雄鼠的相反？

六、拓展阅读

《Perry 小鼠实验给药技术》"第 8 章　首过消除回避腹腔注射"。

第 7 章
前路皮下注射

一、概述

目前流行的小鼠皮下注射并不是将药物注入真皮下层,而是将药物经皮注入浅筋膜层。注射部位多选择后颈(前路)、腰部(后路)和侧腹部。本章介绍的后颈部浅筋膜注射,也称为"前路皮下注射"。

1. 常见知识误区

"皮下注射是把药物注入小血管丰富的皮下层,便于药物吸收入血液循环。"临床上的概念不能简单地用于小鼠身上。传统的小鼠皮下注射实际上是把药物注入浅筋膜内,这里小血管很少,达不到快速吸收药物的效果。

2. 专业操作

从皮褶正面三角区中心进针,到侧面三角区中心停针。手指捏住针杆注射和拔针。

二、解剖学基础

小鼠后颈部皮肤松弛,浅筋膜层表面覆盖皮肌层,指捏成褶。褶内为对贴的浅筋膜。背中线附近没有皮肤穿支血管,左、右肱动脉皮支沿真皮下层分布,浅筋膜血管并不丰富。

后颈稍后方的肩胛间浅筋膜内有冬眠腺,冬眠腺动静脉在腺体深面走行。如果进针没有刺穿冬眠腺,不会触及大血管。

三、器械材料

29 G 针头胰岛素注射器,1% 伊文思蓝溶液 0.1 mL,酒精棉棒。

四、操作

（1）控鼠。"V"形手法控制清醒小鼠。

注意：应事先准备好即用的酒精棉棒，采用"V"形手法控鼠。

"C"形手法，不计点；没有准备好酒精棉棒，不计点。

（2）消毒。手心向下，使小鼠悬空成背上位，鼠头向操作者右方。酒精棉棒消毒被拇指和食指捏起来的皮褶三角区。

注意：小鼠悬空，可以避免其四肢着地，借力挣扎。酒精棉棒比酒精棉片更容易擦到皮褶深处。消毒面积集中在三角区内即可。酒精消毒面积过大，会明显降低小鼠体温。

没有行酒精消毒，不计点；消毒面积超过三角区，不计点。

（3）支撑。双上臂贴胸侧。

注意：此操作多为站立进行，而且不能双手互相支撑，双上臂贴胸侧是唯一的支撑选择。

忽略了上臂贴胸侧，不计点。

（4）进针（图7.1）。右手持针，于左手捏起的皮褶正面三角区中心进针，针头指向皮褶侧面三角区中心。

注意：进针角度和位置出现偏差，容易造成刺伤后颈肌肉或对穿皮肤的失误。如果出现皮肤对穿，注射时会有伊文思蓝

图7.1 前路皮下注射

溶液从左手食指和拇指后面流出，常有手指发凉的感觉。进针角度应该稍向下倾斜，以指向皮褶侧面三角区中心。过度斜向下容易刺伤冬眠腺，损伤冬眠腺大血管，导致不易觉察的皮下出血。

皮肤对穿，伊文思蓝溶液流出，不计点；进针角度不对，不计点；进针点不在三角区中心，不计点。

（5）捏针。针尖到达皮褶侧面三角区中心后停止。左手拇指和食指捏住针杆。

注意：捏针杆而不捏针尖，防止注射的药液从针孔溢出。

没有拇指、食指向内旋转捏针杆的动作，不计点。

（6）注射。匀速注入伊文思蓝溶液 0.1 mL。随着注射的进行，可感觉到指后皮下逐渐膨胀。

注意：如无此感觉，检查皮肤是否被针尖对穿导致漏液。

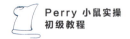

皮肤对穿，不计点。

（7）拔针。注射完毕，在左手拇指和食指轻捏针杆状态下拔针。将小鼠归笼。

注意：不捏针杆，针孔处容易出现拔针溢液。

没有捏针杆就拔针，不计点。

五、思考题

（1）小鼠"皮下注射"和肌肉注射相比，哪一种药物吸收更快？

（2）小鼠真皮下层和浅筋膜层，哪一层血管分布比较丰富？

六、拓展阅读

《Perry 小鼠实验给药技术》"第 23 章　躯干部皮下注射"。

第 8 章 后路皮下注射

一、概述

与前路皮下注射不同的是：后路皮下注射需要在台面上进行，没有损伤皮下冬眠腺的顾虑。

1. 常见知识误区

参阅"第 7 章　前路皮下注射"。

2. 专业操作

左手拇指、食指和中指配合固定小鼠，右手依托台面支撑注射。

二、解剖学基础

相关解剖学知识请参阅"第 7 章　前路皮下注射"。

小鼠背部皮肤松弛，浅筋膜表面覆盖皮肌层。拉起皮肤形成的"帐篷"里面是浅筋膜。背中线附近的浅筋膜内没有皮肤穿支血管，微小血管也不丰富，所以药物吸收较肌肉注射慢。浅筋膜含水量很大，皮下注射可以先容纳大量药液，然后逐渐吸收入血液循环。

三、器械材料

29 G 针头胰岛素注射器，1% 伊文思蓝溶液 0.1 mL，酒精棉棒。

四、操作

（1）控鼠。右手拇指和食指捏住小鼠尾部远端，将小鼠放到粗糙台面上，向后拉紧尾巴，保持前进僵持状态。

注意：这个操作与前路皮下注射不同，需要在台面上进行。因为需要将鼠尾按压在台面上。

拉紧鼠尾，小鼠仍然可以在台面上向前或向后移动，不计点。

（2）捏皮。左手迅速以"V"形手法捏住鼠后颈和背部皮肤，轻压小鼠将其控制在台面上。右手保持拿捏鼠尾。

注意：为下一步旋转小鼠，此时右手仍需保持控制鼠尾。

触鼠时间超过3 s，不计点。

（3）旋转。左手提起小鼠离开台面少许，将其逆时针旋转约90°，将小鼠横置。

注意：此方法使小鼠头向操作者左侧，尾向右侧，横在操作者面前，便于右手进针。

未能一次性完成旋转动作，不计点。

（4）固定。拇指和食指再次将鼠头轻压固定在台面上。左手中指弯曲，指甲将鼠尾压在台面上以固定。中指略伸直，顶起整个左手上抬数厘米，使鼠背皮肤形成一个"帐篷"（图8.1）。

注意：鼠头按压不可过度用力，以免伤鼠。鼠尾需压紧，以免固定不牢。中指顶起的高度以能方便进行皮下注射为宜。

"帐篷"过低，影响注射，不计点。

（5）消毒。右手松开鼠尾，取酒精棉棒消毒其腰部被提起的皮肤皱褶。

注意：酒精棉棒更适宜消毒皮肤皱褶。

忽略消毒，不计点。

（6）进针（图8.2）。右手取注射器，从皮肤皱褶三角区中心进针，针尖指向"帐篷"中心，直至针头到达中心部位停止。

图8.1　后路皮下注射

图8.2　进针角度与深度示意。三角区示意背部皮肤被拉起的"帐篷"

注意：此时左手二指无法像前路皮下注射那样捏住针杆，故在浅筋膜内进针深度要到位，以避免拔针溢液。

注意：右手腕以台面为依托，可以稳定针头。

进针未及"帐篷"的 1/2 深度，不计点。

（7）注射。针头位置保持不动，缓慢匀速注入伊文思蓝溶液 0.1 mL。

注意：注射速度过快会使溶液来不及进入浅筋膜，马上拔针容易出现溢液。

注射速度过快，不计点。

（8）拔针。将小鼠归笼。

注意：注射后左手拇指和食指捏鼠背皮肤位置不变，迅速直接置鼠返笼，不可触碰背部注射区域。

拔针后重新抓持小鼠，不计点。

五、思考题

（1）对比前路皮下注射，后路皮下注射有哪些优势和劣势？

（2）对比腹腔注射，皮下注射有哪些优势和劣势？

六、拓展阅读

《Perry 小鼠实验给药技术》"第 23 章　躯干部皮下注射"。

第 9 章 肌间注射

一、概述

小鼠肌肉注射是常用的给药方法之一。长久以来,流行模仿临床的臀部垂直进针注射法,经大腿外侧的股二头肌垂直进针,将药物注入股骨后间隙,此法实为肌间注射。

肌肉之间注射可以使药物进入血液循环,只是所需时间较肌肉内注射长。如果以药物吸收进入血液循环为目的,不要求吸收时间,肌间注射也是一个选择。本章将此操作正名为"肌间注射",同时改进操作方式,避免对肌肉的无谓损伤。

1. 常见操作误区

"在大腿外侧垂直进针。"这是流行多年且普遍使用的操作方法。然而,针孔斜面长度大于股二头肌的厚度,针头斜面没入皮肤后,针尖已经洞穿股二头肌,进入股骨后间隙(图9.1,图9.2),结果药物被注入含水量极大的股骨后间隙筋膜内。如果以在肌肉进行转基因操作为目的,这种传统的肌肉注射方法必将导致转基因操作失败。

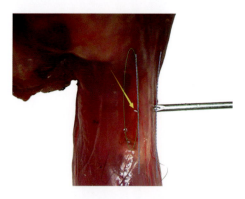 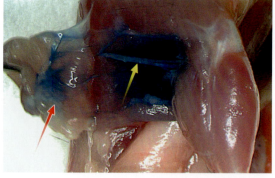

图 9.1 小鼠右大腿垂直注射解剖照。去皮大腿后面观。左为内侧,右为外侧。2 条蓝色虚线之间为股二头肌;绿色椭圆形区域为股骨后间隙。箭头示对穿的针尖。25G 针头的针孔比股二头肌的厚度长。垂直进针时,针孔不可避免地洞穿股二头肌,进入股骨后间隙。注射药物基本都聚集在股骨后间隙内

图 9.2 股骨后间隙注射伊文思蓝溶液。黄箭头示坐骨神经;红箭头示掀起的股二头肌。其表面筋膜蓝染,肌肉内未见蓝染

2. 专业操作的原则

用专业的控鼠手法，充分暴露大腿后面，从大腿内、外侧肌群之间进针，进行股骨后间隙注射。目标明确，不伤肌肉。

二、解剖学基础

小鼠大腿肌肉分为前肌和后肌（图 9.3）。前肌后面紧贴股骨；后肌分为内侧肌群和外侧肌群，中间夹着股骨和股骨后间隙。外侧肌群主要是股二头肌，扁而薄，厚度约为 1 mm。内侧肌群由数块肌肉组成。

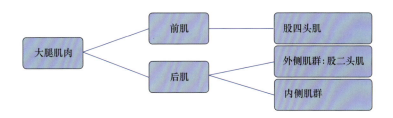

图 9.3　小鼠大腿肌肉分组

股骨后间隙位于大腿内、外侧肌群之间，后侧仅有皮肤覆盖。左、右为内、外侧肌肉所夹持，前面是股骨。有坐骨神经穿行其间（图 9.4）。解剖特点是面积大，筋膜容纳液体能力强。

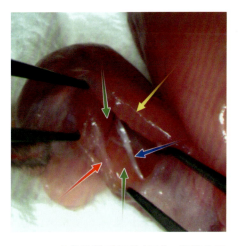

图 9.4　小鼠股骨后间隙解剖。绿箭头示股骨后间隙；黄箭头示大腿内侧肌群；红箭头示股二头肌内面；蓝箭头示坐骨神经

三、器械材料

29 G 针头胰岛素注射器，伊文思蓝溶液 0.1 mL，酒精棉棒。

四、操作

1. 操作步骤

（1）控鼠。"V"形手法控制清醒小鼠，中指压住鼠尾（图 9.5）。然后右手将小鼠右后肢递到左手无名指和小指间夹紧，拉直（图 9.6）。

注意：这个手法是基于"V"形手法，进一步使用左手无名指和小指，令小鼠右大腿后侧完全暴露。

左手的 5 个手指控鼠，任何一个错误，均不计点。

（2）消毒。左手外旋，将小鼠大腿后侧对操作者，右手用酒精棉棒消毒小鼠右大腿后侧小面积皮肤。

注意：大面积使用酒精，会导致小鼠体温下降过多。注射时的酒精消毒原则是小面积，深达皮肤。酒精棉棒比棉片消毒面积小，易于深入擦拭体毛下的皮肤。

酒精消毒面积过大，不计点。

（3）支撑。双臂轻夹胸侧，右手持针，小指顶在左腕上，以稳定注射器。

注意：这个操作大多站立进行，肘、腕缺乏台面支撑。双臂夹胸侧，可得到上臂支撑。右手小指顶在对侧手腕上，可使两手联合，相互稳定。

上臂没有稳定支撑，不计点；双手没有配合稳定，不计点。

（4）进针。针头从大腿内、外侧肌群之间穿皮进针入股骨后间隙（图 9.7）。进针约 2 mm，停针。

注意：没有在大腿内、外侧肌群之间穿皮，会损伤肌肉。进针深度超过 2 mm，有可能刺伤坐骨神经。

进针过深，超过 3 mm，不计点；没有在内、外侧肌群之间进针，不计点；伤及肌肉，不计点。

（5）注射。匀速注射伊文思蓝溶液 0.1 mL，停针数秒后沿着原针道拔针。释放小鼠。

注意：拔针无须用棉棒按压针孔。因为股骨后间隙内的筋膜吸水性极强，间隙非常大，停针数秒，足以使药液完全进入筋膜内，不会有药液从针孔溢出。沿着原针道拔针，不会出现针尖划伤肌肉的意外。

拔针随意，没有沿原针道拔针，不计点。

图 9.5　常规"V"形手法控制小鼠　　图 9.6　左手无名指和小指控制小鼠右后肢　　图 9.7　双手稳定,于大腿内、外侧肌群间进针注射

2. 操作要点小结

（1）特殊手法固定后肢。

（2）从大腿后内、外侧肌群间进针。

（3）拔针前短暂停针。

五、思考题

（1）小鼠股骨后间隙为什么可以储存大量液体?

（2）从大腿外侧垂直进针,为什么药液不会积聚在肌肉内?

六、拓展阅读

《Perry 小鼠实验给药技术》"第 10 章　肌肉外注射"。

第 10 章
股直肌注射

一、概述

小鼠肌肉注射是实验中常用的给药方法之一。小鼠肌肉很多,形态、大小、位置不一,从操作简单考虑,首选股直肌。其原因在于:① 股直肌是小鼠身体最大的肌肉之一,药液容量大。② 位置表浅,易于操作。

小鼠股直肌注射一般在其清醒状态下进行,徒手操作即可。初学者使用尾静脉注射固定器,更加安全。本章介绍徒手操作方法。

1. 常见操作误区

"针头刺入股直肌即可注射。"股直肌解剖学结构特殊,相对巨大的肌肉内有纵向腱膜将其分成内外两部分。要降低人为操作误差,须统一将药液注射于同一侧。

2. 专业操作

以"V"形手法控制小鼠,特殊手法控制大腿,根据股直肌内血管和肌肉腱膜分布状态,针头平行肌纤维进针,穿皮将药液精准注入股直肌内特定位置,以减小对肌肉的损伤。一组小鼠需要选择同一侧、同一位置注射,以减小误差。

二、解剖学基础

股直肌为股四头肌的一部分。其下面是股中间肌,外下方是股外侧肌,内下方是股内侧肌。股直肌远端形成髌骨悬韧带连接髌骨,近端中部发出肌内纵向腱膜,将其分为外侧和内侧(图 10.1)。

股直肌血供主要来自股中动脉旋支(atera of medial femoral circumflex),从近端向远端走行(图 10.2),所以针头从远端刺入损伤大血管的概率小。

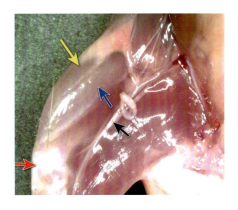 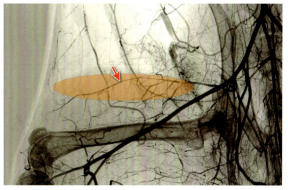

图 10.1　小鼠股直肌解剖照。黄箭头示股直肌外侧部；蓝箭头示股直肌内侧部；黑箭头示股动静脉；红箭头示膝关节

图 10.2　小鼠血管造影照。股直肌血供主要来自股中动脉旋支。橘色区域示股直肌位置，箭头示股中动脉旋支

三、器械材料

29 G 针头胰岛素注射器，1% 伊文思蓝溶液 0.1 mL，酒精棉棒。

四、操作

1. 操作步骤

（1）控鼠。操作者立姿，"V"形手法控制清醒小鼠。

注意：抓持小鼠前，要准备好待用的酒精棉棒和注射器。

控鼠手法不对，不计点。

（2）控腿。右手拉直小鼠右后爪，以左手无名指将其压于中指上固定（图 10.3）。

注意：左手中指保持压住鼠尾不动，无名指将小鼠右后爪压在中指上。

未能稳定固定股直肌，不计点。

（3）消毒。酒精棉棒消毒小鼠右股直肌表面体毛和皮肤。

注意：酒精消毒原则是小面积，深达皮肤。酒精棉棒尽量小面积消毒，深入擦拭体毛下的皮肤。

消毒深度不够，或消毒面积过大，不计点。

（4）支撑。双上臂夹胸侧，右手小指顶在左手腕，调整针尖于股直肌远端。

注意：站位操作，没有操作台可以提供支撑。上臂夹胸侧，右手小指顶左手腕，可以有效稳定双手。

忽略稳定支撑步骤，匆忙开始注射，不计点。

（5）进针（图10.4）。针孔向上，30°进针，贴股直肌远端，中间韧带外侧，顺着肌纤维走行向肌肉近端方向经皮刺入肌肉，针尖到达股直肌中部停针。

注意：刺入过深，会将药液注入股直肌和股中间肌之间，甚至注入股中间肌；刺入偏前，针孔超越股直肌中部，会加重损伤股直肌血管；刺入偏后，针孔未能到达股直肌中部，会影响药液分布。

进针点、进针角度、进针深度任何一条没有达标，不计点。

（6）注射。匀速注入伊文思蓝溶液 0.1 mL。

注意：过量的肌内注射会损伤肌肉，肌肉注射不匀速，容易出现拔针溢液。

肌肉注射不匀速，不计点。

（7）拔针。停针数秒后，沿原针道匀速拔出针头，释放小鼠。

注意：单人操作，拔针时难以按压针头，故注射后停针数秒，以期药液渗入肌间，避免拔针溢液。匀速拔针，在拔针的过程中，随着拔针，肌肉随之复位，封闭针道。若拔针速度过快，针道来不及闭合，肌张力强时容易出现溢液。沿着原针道拔针，可以避免造成额外的肌肉损伤。

图 10.3　控制右后肢

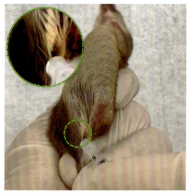
图 10.4　图示针头刺入股直肌的位置和方向

2. 操作要点小结

（1）专业的控鼠手法，是顺利准确完成股直肌注射的前提。

（2）稳定、准确的进针点以及角度和深度是成功的细节。

五、思考题

（1）小鼠股直肌注射为什么顺着大腿的纵轴进针？

（2）小鼠股直肌注射为什么从远端进针？

六、拓展阅读

《Perry 小鼠实验给药技术》"第 14 章　股直肌注射"。

第 11 章
胫骨前肌膜下注射

一、概述

鉴于胫骨前肌体积小,针头刺入损伤相对大;同时肌膜厚,肌肉膨胀空间受限,药物较容易从肌膜下进入肌肉,因此,小剂量给药和肌肉电穿孔转基因操作可采用胫骨前肌膜下注射。

不限于胫骨前肌,大多数其他部位的传统肌肉内注射,也可以被肌膜下注射代替。

1. 常见操作误区

(1)"胫骨前肌膜下注射就是小腿部位的皮下注射。"皮下与肌膜下的局部解剖部位不同,药物吸收的速度也不一样。皮下注射,药物进入浅筋膜,必须穿透肌膜方可进入肌肉;肌膜下注射,药物直接接触肌肉,没有穿透肌膜的过程。

(2)"肌肉注射针头必须刺入肌肉,药物才能进入肌肉。"其实药物在肌膜下直接接触肌纤维,很容易渗入肌肉内。尤其是在膜下注射后,肌肉处于高压状态下,药物会更快地渗入肌肉。

2. 专业操作

沿胫骨前肌长轴从远端进针,针孔向下,在肌膜与肌肉之间潜行到肌肉中部,停针后匀速注射。

二、解剖学基础

小鼠胫骨前肌是一条细长的梭形肌肉。上起膝部,下至踝部,与小腿几乎等长,走行于皮下,很容易区别于其他肌肉(图 11.1,图 11.2)。

胫骨前肌肌肉紧密,肌膜较厚韧。肌肉内侧贴靠胫骨,外侧位于皮下,此处为松皮与紧皮的移行区域,皮肌消失,肌膜厚韧(图 11.3,图 11.4),故胫骨前肌向四周膨胀的空间有限。

第 11 章
胫骨前肌膜下注射

胫骨前肌与皮肤之间的浅筋膜较少，针头穿过皮肤后，很容易刺入肌膜下。肌膜下注射的药物直接接触而不伤及胫骨前肌。药液进入肌膜下，部分进入肌肉内，部分短时滞留在肌膜下的肌肉外。由于胫骨前肌的肌肉坚实，形成明显的丘状隆起，与肌肉内注射后，几乎整条肌肉膨胀的形态明显不同。

图 11.1 小鼠右小腿备皮后正面观。胫骨前肌如黄圈所示

图 11.2 小鼠右后肢去皮侧面观。箭头示胫骨前肌

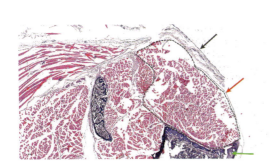

图 11.3 小鼠后肢组织切片横截面（H-E 染色）。黑箭头示表皮，红箭头示胫骨前肌膜；绿箭头示胫骨，黑色虚线内为胫骨前肌肌肉横截面

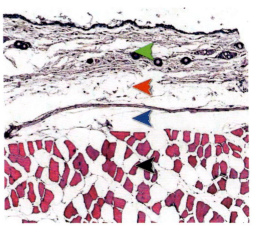

图 11.4 图 11.3 局部放大。绿箭头示真皮层和真皮下层；红箭头示浅筋膜，未见皮肌；蓝箭头示胫骨前肌膜下部位；红、蓝箭头之间为肌膜，可见肌膜较厚；黑箭头示胫骨前肌

浅筋膜注射时，由于筋膜吸收液体能力强，肌膜渗透性小，药液成丘状向上隆起，比肌膜下注射的隆起更加明显（图 11.5）。

图 11.5 注射后表面形态变化示意。左为肌肉注射；中为肌膜下注射；右为浅筋膜注射。蓝色示注入的药液，黄色示皮肤，棕色示肌膜，浅棕色示肌肉

三、器械材料

31 G 针头胰岛素注射器，Perry 鼠尾静脉注射固定器（以下简称固定器）（图 11.6），1% 伊文思蓝溶液 20 μL，酒精棉片。

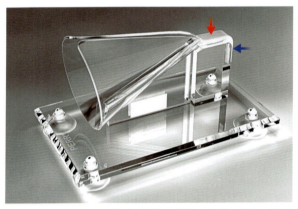

图 11.6　Perry 鼠尾静脉注射固定器。红箭头示尾托水平面，蓝箭头示尾托垂直面

四、操作

1. 操作步骤

（1）固定。小鼠后肢备皮后，右手拎鼠尾，将小鼠从固定器进口拉入。将鼠尾从固定器出口拉出。左食指横放（图 11.7），将鼠尾根部压于尾垫上固定小鼠，右手将小鼠右后肢交于左手食指和拇指固定，爪背朝上（图 11.8）。

图 11.7　左手食指垫在固定器出口下方，右手将小鼠后肢拉出，置于左手食指上

图 11.8　以左手食指和拇指固定后爪，爪背朝上

注意：左手食指有两个作用，压迫尾根以固定小鼠于固定器内；与拇指配合固定右后肢。爪背朝上以使胫骨前肌朝上。操作顺序是右手拉鼠尾—左手食指压鼠尾—右手拉后肢—左手拇指固定后肢。

两手操作没有按照右—左—右—左的顺序，不计点。

（2）消毒。用酒精棉片消毒小腿远端近踝部皮肤。

注意：酒精消毒皮肤要按照最小有效面积原则。大面积消毒皮肤，会导致小鼠不必要的体温下降。

大面积酒精消毒，不计点。

（3）刺入（图11.9）。保持左手拉紧后爪，右手将针头垫在左手拇指上，沿着胫骨前肌长轴走向，针孔向下从胫骨前肌远端经皮水平刺入肌膜下。

注意：左拇指有两个作用。固定小鼠后爪；做注射器针垫。拉紧后爪是固定注射的关键步骤之一。进针方向一定要顺着肌纤维的方向。进针点在肌肉远端。针孔向下，有利于药液第一时间向肌肉内渗透，也有利于避免针头刺入肌肉。

进针位置靠前，不计点；针头斜向进针，不计点；针孔习惯性向上，不计点。

（4）注射。针头在肌膜下潜行到胫骨前肌中部停止，缓慢注入伊文思蓝溶液 20 μL。针头仅在肌膜下潜行，肉眼隐约可见其在肌膜下的运动。

注意：保证针头在肌膜下潜行是本操作的关键技术。事先备皮是为了能够看到针头在肌膜下潜行的状态。如果技术熟练，掌握了针行膜下的感觉，此操作无须备皮。针尖到达肌肉中部再注射，一是保证有足够的距离阻止药液溢出；二是有利于药物向整条肌肉均匀弥散。在胫骨前肌膜下注射，需控制注射量，若注射量过大，除了导致拔针溢液，还会对肌肉造成损伤。

针头刺入肌肉，不计点；针头仅仅在皮下潜行，不计点；没有在胫骨前肌中部注射，不计点；注射量过大，不计点。

（5）拔针。注射完毕停针数秒，用左手中指压迫针尖刺入点。右手沿原针道拔针（图11.10）。左手中指和食指保持上下位捏住后肢针孔（图11.11），将小鼠提出固定器，返笼。

注意：注射时有胫骨前肌远端皮下球形隆起，意味着药液溢至皮下。此现象早期出现，是针头尚未进入肌膜下，就开始注射所致；此现象拔针时出现，是因为没有压迫拔针。

出现皮下积液隆起，不计点；明显拔针溢液，不计点。

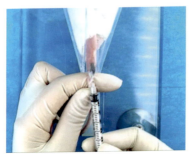
图 11.9 左手拇指为针垫,行胫骨前肌膜下注射

图 11.10 注射完毕,左手中指压迫针孔拔针

图 11.11 左手中指和食指保持夹持针孔,将小鼠提出固定器,返笼

2. 操作要点小结

(1)必须精准做到针头在肌膜下潜行。

(2)针孔向下,注射稳而慢,注射后稍作停针后再拔针。

五、思考题

(1)为什么舍弃简单的肌肉内注射而挑难度大的肌膜下注射?

(2)为什么胫骨前肌注射时肌内压特别高?

(3)肌内压高与药物吸收有何关系?

六、拓展阅读

《Perry 小鼠实验给药技术》"第 13 章 胫前肌外膜下注射"。

第12章 尾侧静脉注射

一、概述

"尾侧静脉注射"俗称"尾静脉注射"。本章介绍的尾侧静脉注射方法是基于《Perry实验小鼠实用解剖》中总结的鼠尾解剖知识和实践经验设计的操作方法,配合使用的是专门设计制作的鼠尾静脉注射固定器。

1. 常见知识误区和操作误区

(1)"小鼠尾部左、右各有一条尾侧静脉,没有动脉伴行,也没有尾横动脉和尾横静脉。"实际上尾侧静脉有同名动脉伴行,不过是动脉太过细小而已。在每个尾椎中部,还有尾横动脉和尾横静脉。

(2)"小鼠尾静脉走行于3点和9点位置。"实际上,绝大多数尾侧动脉和静脉走行在两侧偏背侧的部位,不是正好3点和9点位置。

(3)模仿临床静脉注射方式,"针头斜角刺入尾侧静脉"。这种方法非常容易洞穿静脉。

(4)针头刺入静脉后,"简单地与静脉同轴向深入血管","针尖紧贴血管内膜滑行"。刺入静脉的针头与静脉同轴深入前行,针尖紧贴血管内膜滑行,会长距离损伤内膜细胞。

2. 专业操作

小鼠经物理方法处理、鼠尾经化学方法处理使尾侧静脉充分充盈,便于进针。针头在尾椎关节处水平进针,避免损伤尾横动静脉。针尖在静脉内居中深入,避免进一步损伤血管内膜。

二、解剖学基础

(1)尾部血管:小鼠尾侧静脉左、右各一条,均稍偏背侧,于尾部皮下纵向走行,有同名动脉伴行,动脉细小。腹侧有尾中动脉于皮下纵向走行,也有同名静脉伴行,静脉细小。如图12.1所示。

于每个尾椎中部有尾横静脉汇入，且有同名动脉伴行。进针时选择从尾椎关节处进针，可以避免损伤尾横动静脉。

压迫尾根部侧面，可以使尾侧静脉回流受阻，令尾侧静脉充盈。由于尾横静脉沟通两侧血管，所以在一侧尾侧静脉压迫受阻时，注射药液可以通过尾横静脉进入对侧尾侧静脉和尾中静脉回心。

（2）皮肤鳞片：尾部表面覆盖鳞片，酒精擦试后，不但有利于刺激血管扩张，还可以减少照明反光。尾部皮肤不足 1 mm 厚，浅筋膜少，皮肤移动性差，没有皮肌层。所以小鼠尾部的尾侧静脉移动性小，可视性强，适宜做静脉注射。

（3）骨骼：尾椎关节韧带具有一定弹性，拉紧尾巴，可以明显扩大关节间隙，方便确认尾椎关节的位置。在 1 cm 半径范围内，可以平滑无损伤弯曲小鼠尾巴，方便水平进针。Perry 鼠尾静脉注射固定器的尾托转角就是根据这一点设计的。

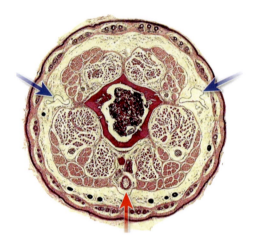

图 12.1　小鼠尾部截面病理切片（H-E 染色）。蓝箭头示尾侧静脉；红箭头示尾中动脉

三、器械材料

41℃ 恒温箱，Perry 鼠尾静脉注射固定器（以下简称固定器）（图 11.6），29 G 针头胰岛素注射器，1% 伊文思蓝溶液 0.1 mL，酒精棉片。

四、操作

1. 操作步骤

（1）加热。置小鼠于恒温箱内约 3 min，小鼠开始躁动时，将其从恒温箱中取出。

注意：鼠尾加热方法可以用热水浸泡。鉴于局部加热保持尾静脉充盈的时间不如全身加热时间长，而且操作不如恒温箱方便快捷，所以首选恒温箱加热。恒温箱温度设定 41℃，以小鼠躁动为离开恒温箱的准确时间。过早离开，尾静脉充盈不足；过晚离开，小鼠有被热死的危险。

过早、过晚取出小鼠，均不计点。

（2）安置。捏住小鼠尾部远端，将其沿固定器纵缝，从固定器大口拉入。尾部全部拉出固定器小口。

注意：小鼠进入固定器大口时，使鼠背贴固定器上部内壁，以避免小鼠四爪抓住固定器大口边缘以抗拒入内。

两次不能顺利地将小鼠安置于固定器内，不计点。

（3）右手拉直鼠尾（图12.2）。

注意：右利手者以右手拉紧鼠尾，方可令尾根部暴露在固定器小口之外，便于固定小鼠。同时鼠尾尽可能长地处于固定器之外有利于尾侧静脉充盈。

尚未拉直鼠尾就开始下一步操作，无法有效控制小鼠，不计点。

（4）向一侧旋转鼠尾约80°，令尾侧静脉旋转至正上方（图12.3）。

注意：右手拇指和食指保持捏住鼠尾，向预定方向搓捻，使鼠尾旋转。具体旋转角度，以看到尾侧静脉转到正上方为准。

尾侧静脉角度没有调整到位，不计点。

（5）左手食指将包括尾侧静脉的尾根部下压在固定器水平垫上（图12.4）。

注意：食指于近端水平固定鼠根部，配合拇指远端固定，可以将小鼠固定于固定器内而无须过度限制小鼠躯干。流行的固定器多将小鼠挤压限制在固定器内，使鼠体无法伸张，被迫蜷缩，躯体血液循环受限。

忘记用食指固定尾根部就开始下一步操作，不计点。

（6）调整尾椎关节位于鼠尾开始向下弯曲处（进针点），左手拇指将尾远端压紧固定在固定器垂直面（图12.4）。

注意：鼠尾关节处皮下没有尾横动静脉走行，此处进针可以避免损伤尾横动静脉。左手拇指固定鼠尾的目的有二。①固定鼠尾于固定器上，使小鼠限制在固定器内。②给注射针头做支架。左手拇指的位置以拇指内缘支撑针头，使针头能与旋转至上面的尾侧静脉在同一水平面为宜。

左手拇指位置、高度不准确，不计点。

 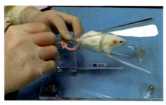 

图12.2　拉直鼠尾　　　　图12.3　旋转鼠尾　　　　图12.4　固定鼠尾

（7）用酒精棉片擦拭进针点前后1 cm表面皮肤（图12.5），可见尾侧静脉明显充盈，血管明显清晰。

注意：酒精不但可以刺激血管扩张，还可以湿润鳞片，减少反光。

遗漏此操作，不计点。

（8）左手食指保持下压力度，向远端捋尾侧静脉，可见静脉进一步充盈，到距离进针点 1 cm 处停止（图 12.6）。

注意：逆血流方向捋尾侧静脉，可以使静脉充盈加倍。

没有此操作，不计点。

（9）右肘支撑台面，右手食指和中指夹持注射器，针头斜面向上，大拇指位于针芯前而不触及，小指顶在固定器上，将针头垫在左手拇指上（图 12.7）

注意：针头依靠 3 个支撑而稳定。支撑 1——右肘支撑台面，如无台面，贴靠右侧胸壁；支撑 2——右手小指顶触固定器；支撑 3——针头架在左手拇指内缘上。

大拇指提前触及针芯，极易在注射前轻微触动针芯而发生针头药液提前滴出。培养学员拇指不过早触及针芯的习惯。针筒依靠食指和中指夹持而不需要拇指参与是手指的基本功。

失去任何一个支撑，不计点；凡出现针头漏液现象，不计点。

图 12.5　酒精棉片擦拭鼠尾

图 12.6　左手食指捋尾侧静脉

图 12.7　注射做支撑准备

（10）针头在进针点水平下压，使皮肤下陷，出现台阶（图 12.8）。

注意：台阶处可以水平进针。流行的成角度进针，必须在精准的进针途中改变至水平进针，方可确保针头进入而不洞穿血管，并非专业方法。

成角度进针，不计点；针尖斜面没有向上，不计点；针头没有下压出血管台阶，不计点。

（11）在进针点，水平刺入转角处的尾侧静脉（图 12.9）。

注意：只有转角处方可真正地水平进针。进针点选尾关节处，是为了避免损伤尾横动静脉。当鼠尾被拉紧时，尾关节间隙会增宽，非常明显。

没有水平进针，不计点；没有以关节处为进针点，不计点。

（12）进入静脉后立即稍翘针头，使针尖处于静脉管腔内中央水平（图 12.10）。

注意：没有微翘针头进针，针尖紧贴血管内膜推进，极可能损伤内膜，这是无法连续多日同针孔进针的主要原因。

意识不到这一点，简单的水平深入针头，不计点。

（13）水平进针约 5 mm。

注意：以确保针孔完全进入血管内为原则，5 mm 只是参考。进针过深，增大血管内膜受损的概率；进针过浅，增大药液溢出的概率。

不准确的进针深度，不计点。

（14）匀速注射伊文思蓝溶液 0.1 mL，此时左手食指下有液体流过的感觉。

注意：培训测试时，注射量为 0.1 mL，实际实验中以课题规定为准。注射速度越快，液体流过食指下面的感觉越明显。

判断针头在血管外注射的依据：推注阻力异常大。强行推注，出现局部隆起皮丘，甚至出现皮肤橘皮样变、药液从针孔溢出、拔针后血液回流不畅。

注射速度不匀，或过快、过慢，均不计点；未在静脉内注射，整个鼠尾静脉操作点数归零。

  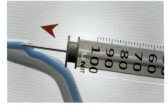

图 12.8　下压针头　　　图 12.9　水平进针　　　图 12.10　微翘针头

（15）注射完毕，左手食指后滑到皮肤针孔处，压住皮肤和针杆，拔针（图 12.11）。

注意：指压状态拔针，可避免拔针出血。

没有在指压状态下拔针，不计点。

（16）左手食指配合拇指捏住鼠尾针孔处（图 12.12），将小鼠提出固定器，归笼。

注意：没有凝血功能缺陷的小鼠，在手指捏住针孔拔针到将小鼠归笼这很短的时间内，鼠尾针孔有可能会有少量出血，一般会很快自凝。无须为此专门长时间按压针孔止血，但是短时间按压止血还是很有必要的。单人操作，非特殊严格的无菌实验，不刻意要求用无菌棉球或纱布压迫止血。

没有及时捏住鼠尾针孔的操作，不计点。

图 12.11　拔针　　　　　图 12.12　提鼠归笼

2. 操作要点小结

（1）鼠尾固定可靠，位置准确。

（2）通过调节拉紧尾巴，看清尾关节，并将其中一节处于尾转弯处。

（3）注射前左手食指向尾端方向捋尾侧静脉。

（4）垂直下压进针点，水平刺入尾侧静脉。

（5）微翘针头并水平推进，避免针尖划伤血管内膜，捏针孔拔针。

（6）专业的尾侧静脉注射技术要求：最小损伤血管皮膜，保证注射后进针部位血流通畅。同一进针点可以连续多日使用，无须从鼠尾远端每日前移进针点。

五、思考题

（1）小鼠尾部哪根静脉宜于做静脉注射？

（2）尾侧静脉充盈的物理方法、生理方法和化学方法各是什么？

（3）尾侧静脉注射时，如何避免损伤尾横动静脉？

（4）尾侧静脉注射时，如何做到水平进针？

（5）水平进针后，继续深入，针杆的角度要保持水平吗？

（6）如何保持注射时针头的稳定和刺入的精准？

六、拓展阅读

《Perry 实验小鼠实用解剖》"第 21 章　尾部"；《Perry 小鼠实验给药技术》"第 55 章　尾静脉注射"。

第13章

眼眶静脉窦注射

一、概论

小鼠眼眶静脉窦是最大的浅表静脉所在，不仅可用于采血，还可用于静脉给药。小鼠浅表静脉细小，注射困难，以静脉窦代替静脉血管，可以使浅表静脉操作方便许多。

眼眶静脉窦注射不需要任何固定设备，因此，在没有固定设备的情况下，小鼠静脉给药，眼眶静脉窦注射是第一选择。但是这需要熟练的操作技术。

1. 常见操作误区

"小鼠眼球后有静脉丛，可以进行静脉注射。"这是专业文献上常见的说法，实际上小鼠眼球后没有静脉丛。这是解剖概念错误。

2. 专业操作

充盈眼眶静脉窦，针刺入后成功抽到回血，即开放静脉回流通道，快速注射。头高位拔针，确保拔针无出血。

二、解剖学基础

小鼠眼眶静脉窦是一个相对大的表浅血窦，在眼眶内，介于眼眶壁和哈氏腺之间。少部分接触眼肌杯，部分与哈氏腺纠缠在一起而形成不规则形状（图13.1）。

来自眼球后的眼球睫状后长静脉、睫状后短静脉等多支小静脉进入静脉窦（图13.2）。

眼眶静脉窦内的血液从多支细小静脉流入上睑静脉、下睑静脉，经颞浅静脉和内眦静脉等面部静脉（图13.3，图13.4），随后汇入颈外静脉，进一步汇入锁骨下静脉回流右心。

颈外静脉越过锁骨，压迫颈外静脉锁骨部，可以临时阻断静脉血回流，导致眼眶静脉窦内压力升高，血窦充盈，容易刺入。

小鼠眼眶浅，容纳空间小。实际操作中，可将小鼠眼球突出眼眶，便于进针。另外，如果注射时针头没有进入眼眶静脉窦内，液体瞬间注入眼眶，会使眼球随注射而突出，这是静脉窦外注射的体征,可作为判断注射成功与否的重要参考。

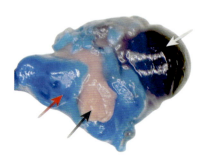

图 13.1 小鼠眼部静脉乳胶灌注照。眼眶静脉窦连同眼球一起摘出。红箭头示眼眶静脉窦;黑箭头示哈氏腺;白箭头示眼球

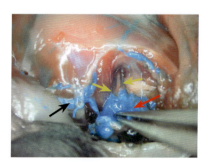

图 13.2 小鼠眼部乳胶灌注照。图示眼眶静脉窦血液源自眼后数支小静脉。黄箭头示眼球睫状后长静脉;红箭头示眼眶静脉窦;黑箭头示颞浅静脉

图 13.3 小鼠头部乳胶灌注照。图示眼眶静脉窦血液流出通道。红箭头示眼眶静脉窦;黑箭头示颞浅静脉

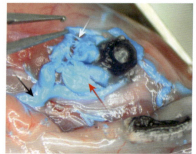

图 13.4 小鼠眼部乳胶灌注照。图示上睑静脉拉起,眼眶静脉窦以多条微小静脉连通上睑静脉。红箭头示眼眶静脉窦;黑箭头示颞浅静脉

三、器械材料

31 G 针头胰岛素注射器,表面麻醉药,注射用生理盐水 0.1 mL。

四、操作

1. 操作步骤(以右眼眶静脉窦为例)

(1)操作者坐位。左手"V"形手法控制小鼠,右眼滴表面麻醉药行局部麻醉。

注意:滴一滴利多卡因,2 min 后即可开始静脉注射。

没有滴表面麻醉药,不计点;"C"形手法控鼠,不计点。

（2）操作者双肘落实在台面上以稳定双手。左手拇指向后拉紧小鼠颈部皮肤，使其眼球突出（图13.5）。

注意：麻醉起效时间依据具体麻醉药物而定。例如，利多卡因数分钟内起效，苯佐卡因起效稍慢于利多卡因。

拉紧皮肤，导致右侧颈外静脉血液回流受阻，眼眶静脉窦充盈，眼球突出。避免过度拉紧皮肤以致小鼠呼吸困难。

双肘没有固定支撑，不计点；此操作没有使眼球突出，不计点；小鼠出现呼吸困难，不计点。

（3）右手将针头经结膜囊大角度刺入眼眶 2～3 mm（图13.6）。

注意：进针部位环眼球均可，但要回避第三眼睑。小角度进针，针头指向眼球后极方向，刺入眼肌杯时会损伤视神经和眼动脉；大角度进针，针尖指向眼眶侧壁，可以安全进入静脉窦。以正确的进针位置和角度，深入 2～3 mm，足以使针孔完全进入静脉窦。

针头指向眼球后极，不计点；进针过深，不计点。

图 13.5　手控小鼠，眼球微凸　　　图 13.6　进针眼眶静脉窦

（4）回抽见血（图13.7）。

注意：抽出回血，证明针头在静脉窦内。此时应稳定鼠头，保持针头在静脉窦内不再移动。抽回血无须多，一旦见到回血，立即注射，避免针头滑出静脉窦。

回抽无血，不计点。

（5）快速将全部生理盐水注入（图13.8），同时左手拇指稍放松拉皮。

注意：快速注射的同时，一定程度上使绷紧的皮肤微放松，0.1 mL 液体瞬间进入眼眶静脉窦，可以顺利经颈外静脉回心。如果注射时针头或鼠头移动，针孔从静脉窦内滑出，注射液体便会进入眼眶。由于小鼠眼眶浅，大量液体瞬间注入，可见眼球短时间外凸。这是注射失败的体征。

注射缓慢，不计点；快速注射，眼球外凸，不计点。

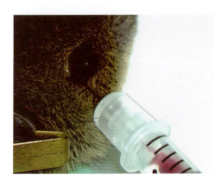 

图 13.7　抽回血成功　　　　　　图 13.8　迅速注射

（6）头高位拔针。

注意：拔针时和拔针后都保持头高位，便于药液和眼眶静脉血回流入心，拔针时可无出血。如果出现拔针出血，不可用干棉球擦拭眼球止血，避免划伤角膜。可用湿棉棒压迫止血。

未在头高位拔针，不计点；拔针时明显随针出血，不计点。

（7）放鼠归笼。

注意：归笼时令小鼠后肢先着地，减低眼眶静脉窦压力。

随意抛鼠归笼，不计点。

2. 操作要点小结

（1）双手需要支撑。

（2）必须抽到回血后方可注射。

（3）抽到少许回血后针头不可再移动，立即注射。

（4）注射速度要快，一次性推入全部药液。

五、思考题

（1）进针时稳定双手的措施是什么？

（2）为何要快速推注？

（3）避免拔针出血的措施有哪些？

六、拓展阅读

《Perry 小鼠实验给药技术》"第 37 章　眼眶静脉窦注射"。

第 14 章
尾侧动静脉采血

一、概述

小鼠数日连续小量采血，首推尾侧血管穿刺采血。主要原因是其操作简单、所需器械少、对动物身体和心理伤害相对小。

1. 常见知识误区和操作误区

（1）这个操作常被称为"尾静脉采血"，以为采集的是静脉血，实际上采集的是尾侧静脉和尾侧动脉的混合血。

（2）"为清洁局部皮肤和扩张血管，常规做局部酒精消毒。"这一步操作会使血液从伤口处流出后无法成滴，随酒精弥散到皮肤表面，不便于收集。如果必须用酒精消毒，必须待酒精完全挥发后方可行针刺操作。

（3）为采集更多的血样，"反复挤尾侧血管"。如此操作将会导致血样出现溶血。

（4）"只要是沿着尾侧血管走行，任何一处都可以进行血管穿刺。"在穿刺时需要避免伤及尾横动静脉，只能在尾椎关节部位穿刺。

（5）"连续多日采血，先从尾远端穿刺，逐日前移穿刺点。"正确的穿刺方法，无须逐日改变穿刺点，将原点血痂擦开，就可以再次穿刺。

2. 专业操作

用恒温箱加热小鼠全身，沿尾侧动静脉走行投影线，在尾中部尾椎关节附近垂直穿刺，一针即溢血成滴。翌日继续采血时，擦除原针孔的血痂即可再度原位采血。

二、解剖学基础

小鼠尾侧静脉表浅且相对粗大，伴随动脉细小，于 2:00—3:00，9:00—10:00 位置纵向走行于皮下。小鼠尾部皮肤没有皮肌，尾侧静脉距离体表不足 0.5 mm（图 14.1）。

在每节尾椎中部有尾横静脉进入尾侧静脉，并有同名动脉伴行（图 14.2）。为了不损伤尾横动静脉，应避免在尾椎中部穿刺尾侧血管。

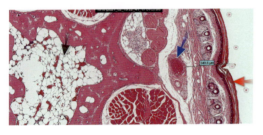 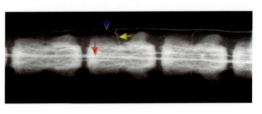

图 14.1　小鼠尾部组织切片（H-E 染色）。蓝箭头示尾侧静脉；黑箭头示尾椎；红箭头示皮肤。图示皮肤表面至尾侧静脉为 340 μm

图 14.2　小鼠尾部动脉造影。蓝箭头示尾侧动脉；红箭头示尾中动脉；黄箭头示尾横动脉

三、器械材料

恒温箱，25 G 注射针头，抗凝毛细玻璃管，干棉球，Perry 鼠尾静脉注射固定器（以下简称固定器）（图 11.6）。

四、操作

1. 操作步骤

（1）加热。将清醒小鼠放入恒温箱中加热数分钟，待小鼠开始躁动时取出。

注意：恒温箱温度约 41 ℃，数分钟后可见小鼠开始躁动，马上将其从恒温箱里取出，否则有热死的危险。在高温环境中，一旦小鼠从躁动阶段转为萎靡阶段，则难以抢救，很快死亡。

从恒温箱里取出小鼠后，需立即采血。小鼠体温会随时间推移很快恢复正常，外周血管充盈状态也会很快恢复正常。

在采血量不足的情况下，可以在采血区域加烤灯透照，有助于延长尾部血管充盈时间。

加热使小鼠体温过高，致其死亡，不计点。

（2）固定（图 14.3）。右手拎起小鼠迅速将其拖入固定器内，尾部拉直于尾托上。选择一侧的尾侧血管朝上，以左手食指将尾根部按压在尾托前端，拇指将鼠尾远部按压在尾托后端。

注意：小鼠固定一定要牢固，确保鼠尾不能活动。固定后，不可用酒精擦拭小鼠尾部，避免流出血液不能成滴。

鼠尾固定在尾托上之后，尾侧血管没有朝上，不计点；鼠尾固定不牢，不计点；酒精擦拭尾部皮肤，不计点。

（3）捋尾（图14.4）。左手食指保持压迫尾根部的尾侧血管，缓慢沿尾侧血管向尾尖方向捋，到距离拇指约1 cm处停止，令其进一步充盈。此时可见尾侧静脉明显充盈。

注意：捋血管可将尾侧静脉内的血液向尾远端聚集，增加局部血压，使针刺后出血更顺畅。如果血液流出过多，此操作可免。但是此操作不可重复进行，以避免溶血。

反复捋尾，不计点。

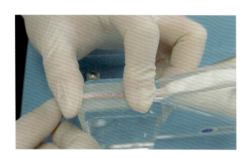

图14.3　左手固定鼠尾

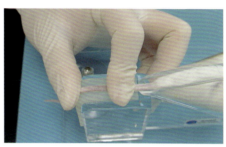

图14.4　向尾尖方向捋尾侧血管

（4）穿刺（图14.5）。左手保持固定鼠尾，在尾中部选择一处尾椎关节附近区域，右手以注射针头垂直刺穿皮肤，迅速拔针。刺入深度至少0.5 mm。

注意：针尖刺入后无须停留，点刺即可。小鼠体温加热适宜，尾侧静脉回流阻滞的情况下，若点刺深度足够，可以流出一大滴血，约10 μL（图14.6）。对比用刀片横断尾侧血管，针刺的血管开口足以满足采血需求，且对小鼠机体的损伤小。

针刺2次无血液流出，不计点。

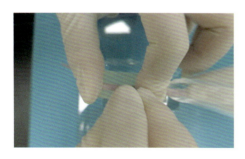

图14.5　针刺尾侧血管

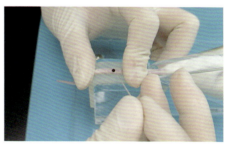

图14.6　尾侧血管出血成滴

（5）采血（图14.7）。右手用抗凝毛细玻璃管轻轻接触血滴，吸取血样5 μL。

注意：毛细玻璃管和血容器要事先准备好。采集的血样不可少于5 μL。

血样采集不足 5 μL，不计点。

（6）结束。吸取血样结束，用干棉球压住针孔清理创面，左手食指移到拇指位置，捏住鼠尾，将小鼠拎出固定器返笼。

注意：尾侧血管穿刺出血量不大。由于采血后小鼠体温恢复，尾根处撤除压迫，血液回流正常，尾侧动脉非常细小，而静脉压低，数种因素综合在一起，鼠尾针孔一般在采血后不会持续出血。用干棉球擦一下足可清理创口，停止出血。

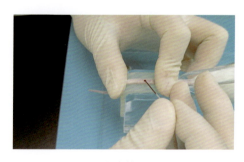

图 14.7　以毛细玻璃管采集血样

小鼠尾部针孔处带着血迹返笼，不计点。

2. 操作要点小结

做好事先加热小鼠、尾侧静脉血流阻滞、逆血流方向捋尾侧静脉这三个步骤，一般可保证足够的采血量。

五、思考题

（1）为什么针刺前不用酒精消毒皮肤？
（2）有哪些方法可以让针刺后出血更顺畅？

六、拓展阅读

《Perry 小鼠实验标本采集》"第 53 章　尾侧动静脉穿刺采血"。

第 15 章
颞浅动静脉采血

一、概述

小鼠面部表浅血管穿刺采血是小鼠实验中常用操作方法，用以多次少量采集动静脉混合非纯净血样。面部有多个采血点，颞浅动静脉因其容易定位，出血量适中，成为面部最常用的穿刺采血血管。

1. 常见知识误区

长期以来这个操作被命名为"颞浅静脉采血"。实际上颞浅静脉有同名动脉伴行，仅仅因为动脉细小，隐藏在静脉深面，而被误认为颞浅静脉没有伴行动脉，采集的是纯静脉血。

2. 专业操作

无须麻醉小鼠，徒手控鼠，准确经皮穿刺颞浅血管，用毛细玻璃管吸取流出的血液，或将血液直接滴入血样容器内。

二、解剖学基础

小鼠头颈部静脉基本汇入颈外静脉。面部两侧主要静脉（图 15.1）：上睑静脉和下睑静脉经外眦后汇合为颞浅静脉，途中有面横静脉汇入。颞浅静脉汇合耳后静脉成面后静脉。上、下睑静脉和颞浅静脉均有同名动脉伴行。这些动脉细小，紧贴静脉深面，表面解剖不容易被发现。

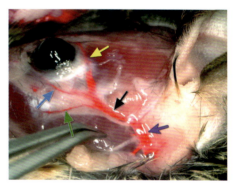

图 15.1 小鼠面部表浅静脉灌注照（红色染料自颈外静脉逆向灌注）。黑箭头示颞浅静脉；黄箭头示上睑静脉；蓝箭头示下睑静脉；绿箭头示面横静脉，紫箭头示面后静脉

三、器械材料

血管穿刺刀片,毛细玻璃管。

四、操作

(1)控鼠。徒手控制清醒小鼠,确认颞浅动静脉穿刺点,按压住同侧颈外静脉锁骨部。

注意:颞浅动静脉沿着颞肌和咬肌交界处走行(图15.2)。新手可以在术前将面部剃毛,方便定位;熟练者无须剃毛。但在穿刺前均不可用酒精擦拭穿刺部位,以免流出的血液不能成滴。按压颈外静脉锁骨部可以阻止血流,使颞浅静脉充盈,便于辨认,并能增加出血量。如果血管部位辨认清晰,血流充沛,可以不按压颈外静脉。

穿刺前用酒精擦拭穿刺部位,不计点;穿刺2次无出血,不计点。

(2)穿刺。将血管穿刺刀片的刀刃垂直血管,从点刺到全刃刺入(图15.3),迅速拔出。血液会立即流出,在伤口处积聚成滴(图15.4)。

注意:出血成滴的速度取决于小鼠外周血局部血压和充盈程度。局部穿刺的出血速度取决于局部血压、流出阻力。小鼠自身血压、穿刺时的外周血流情况、静脉回流是否受阻都影响局部血压。伤口大小是流出阻力的主要影响因素。

出血过快而来不及采集的,应降低出血速度。可采用头高位,采血侧面部朝上;颈部皮肤抓持不要过紧,以免阻碍颈外静脉血流。

出血少,若10 s内还不能形成5 μL血滴,容易发生凝血,需要提高出血速度。可采用头低位,采血侧面部朝下,先加热身体,压迫采血侧的颈外静脉锁骨部等方法。

如果用普通注射针头代替血管穿刺刀片,可以选用25 G针头。使用时注意针头斜面与血管垂直,并注意控制刺入深度。

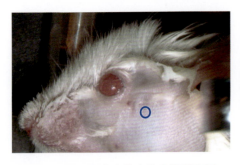

图 15.2　圈示颞浅动静脉体表投影位置

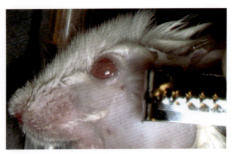

图 15.3　用血管穿刺刀片刺入皮肤,刺穿颞浅动静脉

小鼠采血区域在穿刺前用酒精消毒，不计点；穿刺时穿刺面过度倾斜，不计点。

（3）采血（图 15.5）。若血滴足够大，立即放松对颈外静脉的压迫，用毛细玻璃管轻触、吸入血滴。

注意：出血成滴足够大，如果未能及时开放颈外静脉使血流回心，容易造成出血过多，血滴因来不及采集而掉落。

采血不足 5 μL，不计点；出血成滴未能及时采集，血滴掉落，不计点。

 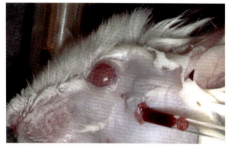

图 15.4　撤除血管穿刺刀片，血液随即流出　　图 15.5　用毛细玻璃管采集血液

（4）结束。保存血样。如有血迹残留在小鼠面部，用棉球擦拭干净后，再放小鼠回笼。

注意：每次采血后，要求小鼠伤口清洁，方可回笼。

小鼠面部带有血迹回笼，不计点。

五、思考题

（1）如何找到颞浅动静脉在体表的走行投影？

（2）如何控制出血速度？

六、拓展阅读

《Perry 小鼠实验标本采集》"第 44 章　面部皮肤穿刺采血"。

第 16 章
颌外动静脉采血

一、概述

小鼠面部皮肤穿刺采血区域可涉及颞浅动静脉、颌外动静脉、咬肌动静脉、上唇触须血窦、舌静脉桥,其中颌外血管穿刺采血量最大,适宜约 50 μL 的连日采血。

1. 常见知识误区

常有小鼠"颌外静脉针刺采血"的提法,并认为采集的是静脉血。其实这支静脉有同名动脉伴行,针刺采集到的是动静脉混合血。

2. 专业操作

"V"形手法控鼠,仰头位。准确把握颌外动静脉的体表投影位置,点刺采血。

二、解剖学基础

小鼠咬肌下缘与二腹肌外缘相贴而行,其间表面形成一条交界沟。颌外动静脉走行在这两块肌肉的交界沟里(图 16.1,图 16.2)。颌外动脉源于颈外动脉,颌外静脉汇入颈外静脉。压迫颈外静脉锁骨部,有利于暂时充盈颌外静脉,可以采集更多的血样。

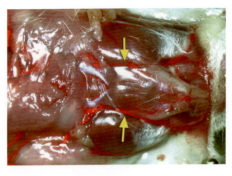

图 16.1 小鼠颌外静脉染料灌注照。颌外静脉如箭头所示,右为头侧,左为尾侧

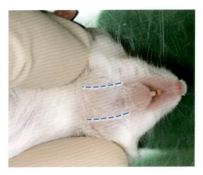

图 16.2 小鼠颌外动静脉走行体表投影,在二腹肌外侧

三、器械材料

25 G 注射针头，毛细玻璃管。

四、操作

1. 操作步骤（为清楚显示，本操作所示图片为仰卧位采血）

（1）控鼠。操作者站立位，将清醒小鼠用左手拇指和中指以"V"形手法控制。左手食指向后拉后颈皮肤，令小鼠仰头。

注意：以拇指和中指配合的"V"形手法与常规手法不同。常用的是以拇指和食指配合。本操作中的食指用以后拉皮肤使小鼠头后仰，以暴露下颌部位，故该手法也可称为仰头"V"形手法。

控鼠手法不专业，不计点。

（2）定位（图 16.3）。将小鼠取仰头位，确认咬肌 - 二腹肌交界沟，选定针刺点。保持小鼠仰头位，且整体置于水平位。

注意：针刺点可以在交界沟上任选，不限定于某一点。如果因体毛遮蔽不容易辨认，可以依靠触觉。小鼠水平位有利于提高颌外动静脉压力，同时针刺后血滴不容易掉落。

1 min 尚不能确定交界沟，不计点；体位不对，不计点。

（3）针刺（图 16.4）。小鼠取仰头水平位。右手持注射针头，垂直点刺交界沟，深度 2～3 mm，颌外动静脉血液随即流出。

注意：点刺要求进针要快，拔针要快，针头不在体内停留。针刺前用酒精消毒，会造成出血不能聚集成滴，难以采集。

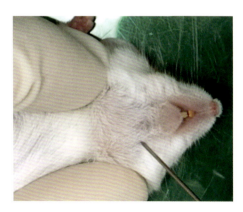

图 16.3　颌外动静脉采血针刺位置

图 16.4　颌外动静脉针刺后出血状态

2 次穿刺不出血，不计点；针头穿刺，在体内停留，不计点；针刺前用酒精消毒，不计点。

（4）采血。右手迅速换毛细玻璃管准备采血。观察血滴足够大时，采集血样 50 μL。同时左手稍放松抓持，小鼠从水平位转头高位。

注意：正常状态下，血液随拔针流出，但是出血速度随小鼠状态而异。出血速度快的，一定要迅速采集血样；出血速度慢的，要按压颈外静脉锁骨部，以促进出血，避免针孔凝血。及时调整小鼠体位和对颈外静脉的血流控制，可以调整出血和止血速度。

血液流出没有及时收集，血滴损失，不计点；血液流出慢，超过 1 min 没有采集到 50 μL 血液，不计点。

（5）完毕。采血完毕，用棉球按压针刺孔 30 s，确认无继续出血，放小鼠返笼。

注意：按压针孔时保持小鼠头上尾下位，以降低颌外动静脉血压，有利于止血。

没有压迫止血，不计点；1 min 内还不能止血，不计点。

2. 操作要点小结

（1）辨别确认颌外动静脉走行的体表投影。

（2）体位从水平位穿刺，及时变换到头高位止血。

五、思考题

（1）为什么针刺颌外动静脉时，小鼠不取头高位？

（2）如何防止针刺后出血过多过猛？

六、拓展阅读

《Perry 小鼠实验标本采集》"第 44 章　面部皮肤穿刺采血"。

第 17 章
眼眶静脉窦毛细玻璃管采血

一、概述

要想采集小鼠中等血量的纯静脉血，且能多次采血，首选眼眶静脉窦。采血工具有多种，最常用的是毛细玻璃管。

1. 常见知识误区

"刺破的是眼眶静脉丛或眼后静脉。"其实刺破的是眼眶静脉窦。

2. 专业操作

"V"形手法控制清醒小鼠，用 35 mm 长的毛细玻璃管（以下简称毛细管）刺破眼眶静脉窦，引血出窦。拔出毛细管无溢血，无须止血。

二、解剖学基础

相关解剖学知识请参阅"第 13 章 眼眶静脉窦注射"。

小鼠眼眶静脉窦位于眼眶和眼外肌之间，与哈氏腺为邻。静脉窦外壁贴靠眼眶，内壁贴哈氏腺和眼肌杯外筋膜。毛细管洞穿静脉窦后，需要拔回少许，令端头退回静脉窦内，方可把血引出。

静脉窦血液经上睑静脉、下睑静脉等小血管流入颈外静脉。当阻止颈外静脉血液回流时，会导致静脉窦内静脉压增高，静脉窦充盈，方便穿刺，也有助于静脉窦血液引出。

三、器械材料

35 mm 抗凝采血毛细管：临床用的毛细管长 75 mm，可以从中间截断使用，仍用其原端口插入静脉窦。

血样容器，表面麻醉药（例如，利多卡因）。

四、操作

1. 操作步骤（以右眼为例）

（1）控鼠。小鼠无须全身麻醉，左手常规"V"形手法控鼠。眼表面滴麻醉药后释放。5 min 后再度同法控鼠。

注意：表面麻醉药（例如，利多卡因），一滴足以，会有多余的药水外溢眼表面。用棉球擦拭面部多余的麻醉药。

"C"形手法控鼠，不计点；没有滴麻醉药，不计点；滴麻醉药后不清理面部，不计点。

（2）穿刺准备（图 17.1）。左手拇指向后拉紧小鼠面皮，令右眼眼球微突出。将小鼠移至血样容器上方，右手持毛细管断端。

注意：左手拇指需拉紧面皮，可以令眼球微突出，暴露结膜囊。从结膜囊刺入可以保证不伤及眼球，而且不会出现毛细管刺入时眼球凹陷、眼睑闭合的现象。若眼球没有突出，会导致毛细管刺入结膜囊不利。

眼眶静脉窦的血压在一定范围内可以人为调节。毛细管刺入时要阻断颈外静脉血流，以抬高窦内血压。拉紧面皮除了有利于刺入外，另一个目的就是利用绷紧的皮肤阻断颈外静脉血流。

眼球未突出就穿刺结膜囊，不计点；尚未将小鼠移到血样容器上方就穿刺，不计点；不将临床常规毛细管折断后使用，不计点。

（3）插入（图 17.2）。选择内眦部位，将毛细管原端口穿过结膜囊，插入眼眶。

注意：如果穿刺内眦部位不顺手，也可以选择外眦。如果使用中间截断的常规毛细管，不要用断端插入眼眶，以避免造成过度损伤或玻璃残片进入眼眶。毛细管插入方向不要指向眼球后极，而要指向眼眶，否则会损伤视神经和眼动脉。

用断端插入，不计点；毛细管插入方向指向眼球后极，不计点。

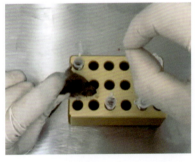

图 17.1 左手持鼠，右手持毛细管，下方准备好血样容器

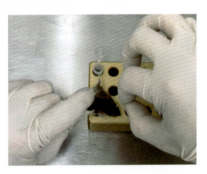

图 17.2 将毛细管插入眼眶静脉窦

（4）破壁。毛细管贴眼眶到达眼眶后壁，轻旋数下。

注意：旋转毛细管，用其前端与眼眶壁摩擦，以破损静脉窦前壁，使毛细管可以进入静脉窦。如果一直旋转毛细管到血从毛细管流出方停止，意味着静脉窦后壁出现破损，这是毛细管洞穿静脉窦，引出的静脉窦后血液。

毛细管过度旋转摩擦，等待出血方停止，不计点。

（5）出血（图17.3）。将毛细管拔出少许，引血液自毛细管流出。右手可以放开毛细管。

注意：适度摩擦毛细管，穿破静脉窦前壁，然后退出少许，使毛细管离开眼眶壁，退入静脉窦内，此时血液会被畅快地引出。保持静脉窦穿孔与毛细管紧密贴附，就不会有血液自毛细管外流出。由于毛细管较短，放手也不会从静脉窦内脱落。

毛细管内外都有血液流出，不计点；没有血液自毛细管流出，不计点。

（6）采血（图17.4）。在血液尚未流出毛细管外口时，将毛细管口斜向下对准血样容器。

注意：若此时还没有准备好血样容器，会损失开始的几滴血样。

损失血样，不计点。

图17.3 静脉血开始进入毛细管。放开右手，毛细管夹在眼睑之间

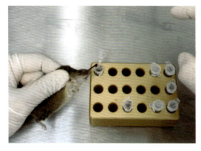
图17.4 将毛细管远端对准血样容器

（7）停采（图17.5）。当血样容器内血样达到0.1 mL时，立即放松对面部皮肤的牵拉，以开放颈外静脉血流通路；同时将小鼠体位变为头上位，拔出毛细管，一般不会继续出血。

注意：拔出毛细管前要及时开放对静脉窦的压迫，以降低窦内血压。体位对窦内血压也有影响。如果拔管后眼眶仍然出血，一般是没有在拔管前撤除对颈外静脉的压迫，或没有在头高位拔管。

拔管前没有放开颈外静脉压迫，不计点；头低位或平位拔管，不计点；有大滴血随拔管溢出，不计点。

（8）结束。确定没有继续出血，头高位将小鼠归笼。

注意：随手提尾将小鼠投入笼中，小鼠头低位跌落鼠笼，会导致再度出血。

头低位返笼，不计点。

2. 操作要点小结

（1）眼突出后插管。

（2）毛细管抵达眼眶壁，适度旋转，稍后退引血液流出。

（3）拔管前先降低静脉窦内压。

图 17.5　采血完毕，拔除毛细管

五、思考题

（1）毛细管插入的方向指向哪里？

（2）为什么标准毛细管要中部折断使用？

（3）为什么不能等毛细管引出血流再停止旋转摩擦？

（4）要保证拔管后不出血需要采取哪些措施？

六、拓展阅读

《Perry 小鼠实验标本采集》"第 38 章　毛细玻璃管眼眶静脉窦采血"。

第 18 章

新生鼠灌胃[①]

一、概述

灌胃是实验动物常用给药方式，但新生鼠个体小，食管细且脆弱，导致灌胃有一定的困难，因此需要选择合适的保定方式和灌胃针来完成此操作。

1. 常见操作误区

"新生鼠与成年鼠灌胃的区别，在于用细小的针头。"针头过于细小，刺穿食管等器官的危险性很大。专业的新生鼠固定需要特殊的安全操作方法和设施、工具。

2. 专业操作

将清醒新生鼠做专门固定，用选择的特殊灌胃工具，使用精准轻柔的手法操作。

二、解剖学基础

新生鼠从鼻尖到胃贲门的长度约 14.5 mm，胃贲门到幽门的长度约 5 mm。食道细且脆弱，可伸入外径 0.6 mm 的软管。新生鼠颅宽约 6 mm，口鼻宽约 4 mm，是设计新生鼠灌胃固定器间隙的依据。

新生鼠皮肤尚无表皮层，弹性差，故不能使用抓取手法，应以托为主。

图 18.1 新生鼠专用灌胃针和特制固定器

三、器械材料

灌胃针（图 18.1）：26 G 一次性静脉留置针，长度 16 mm，直径 0.6 mm，头部空心光滑，橡胶材质。

新生鼠固定器（图 18.1）：固定器间隙宽度不超过

[①] 本章作者：杨宇。

5.8 mm，不小于 5 mm。

1% 伊文思蓝溶液 50 μL，用作灌注液。

四、操作

1. 操作步骤

（1）控鼠。清醒新生鼠取头上仰卧位，以左手拇指和食指将其右前肢固定于固定器栏杆，中指轻托新生鼠腰部，使腹部前贴于固定器间隙内。

注意：固定器呈 45° 倾斜，间隙小于颅骨宽度，大于口鼻宽度，故小鼠后仰 45° 贴附在间隙内，便于插入灌胃针。上贴过紧容易损伤小鼠，过松则固定不牢。以小鼠不受损伤而能够有效固定为宜。小鼠口鼻可以轻松探出间隙，完整头部和躯干无法进入间隙。

如果没有专用的新生鼠灌胃固定器，可以试以间隙合适的鼠笼笼子代用。

新生鼠上贴过紧、过松，均不计点。

（2）进针（图 18.2）。灌胃针头入口贴上腭深入后咽，再将针头向小鼠背侧旋转，探入食管。

注意：针头探入角度不准确，无法深入后咽，反复试探易损伤小鼠口腔。针头没有到达后咽就开始旋转，不但不能进入食管，还会刺伤舌根。

如果没有专用的灌胃针，可选择直径最细的 26 G 留置针软管来替代。

未能顺利进针后咽和食管，不计点。

（3）灌注（图 18.3）。将针头完全深插入食管。观察小鼠无呼吸困难，开始匀速灌注，灌注量为 50 μL。

注意：没有观察小鼠反应就急于灌注，易致小鼠呛肺；灌注过快，也会造成反流呛肺。

呛肺，不计点。

（4）撤针。沿插入轨迹，匀速退针出口。

注意：新生鼠的口腔和食管黏膜非常嫩弱，粗暴快速直线撤针，容易划伤小鼠食管和口腔。

快速撤针，不计点；直线撤针，不计点。

（5）确认（图 18.4）。观察确认灌注液入胃。

注意：这是一个确认操作是否得当的极好机会，如果看到灌注液颜色在两侧，说明没有灌进胃里。即使不进行确认，也不可急于送鼠返笼。

蓝染不在胃里，整个操作点数归零。

（6）结束。小鼠头上位 30 s 后返笼。

注意：新生鼠灌胃后，给予短时间的头上位，避免灌注液反流，不可急于送鼠返笼。

粗暴、非头上位返笼，不计点。

图 18.2　灌注针头插入口腔

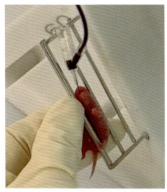

图 18.3　针头完全深入食管，匀速灌注

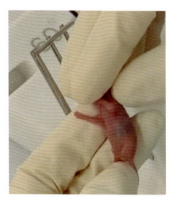

图 18.4　检测胃部变色状况

2. 操作要点小结

（1）灌胃时新生鼠的口腔、咽部、食管需呈一条直线。

（2）进针必须轻柔。

（3）固定小鼠必须轻柔。手法以托为主，不可抓取。

五、思考题

（1）避免灌入气管的方法是什么？

（2）小鼠仰头时，口腔纵轴对着咽部还是喉部？

（3）新生鼠灌胃固定器的间隙宽度是根据什么确定的？

（4）新生鼠皮肤最表面是哪一层？

六、拓展阅读

《Perry 小鼠实验给药技术》"第 1 章　灌胃"。

第 19 章
新生鼠腹腔注射[①]

一、概述

腹腔注射是小鼠实验中最常用的给药方式之一，但由于新生鼠的个体小、腹腔空间小，腹腔注射的保定和进针有一定的难度，因此需要选择合适的保定方式和特殊工具。

1. 常见操作误区

"左手持新生鼠，右手行腹腔注射。"由于新生鼠极其娇嫩，不可像手控成年小鼠那样强力握持。

2. 专业操作

左手托鼠，将其腹部贴附于固定器间隙，右手以小角度从间隙进针行腹腔注射。

二、解剖学基础

新生鼠体重仅约 1.6 g，腹腔纵径约 8 mm，横径约 7 mm，其中肝脏（图 19.1）覆盖的面积约 7 mm×3.5 mm。因此，腹腔注射量和位置都很受限。

三、器械材料

30 G 针头胰岛素注射器，1% 伊文思蓝溶液 25 μL（用于腹腔注射检验），新生鼠固定器（图 19.2，操作间隙宽度不超过 5.8 mm）。

[①] 本章作者：杨宇。

图 19.1　新生鼠解剖暴露肝脏，如箭头所示

图 19.2　新生鼠固定器

四、操作

1. 操作步骤

（1）控鼠（图19.3）。将清醒新生鼠取仰卧位，以左手食指和小指从下面顶住固定器以稳定左手，左手无名指和中指托起小鼠腰背部上贴于固定器下面，腹部则轻贴于固定器间隙内，左手拇指将右后肢固定按压于间隙栏杆上。

注意：固定器间隙为腹腔横径的 1/2～2/3 较为适宜，固定器呈45°倾斜，小鼠头低尾高位呈30°贴附在间隙内。左手5指各有分工。控制小鼠的程度以使其不受伤并方便腹腔注射为宜；小鼠部分肢体可以穿过间隙，而整体躯干无法穿过间隙。

新生鼠贴附固定器过紧，不计点；右后肢损伤，不计点。

（2）进针（图19.4）。以 5°～10° 的角度向前进针，进针深度为 2～3 mm。

注意：进针角度过大和进针过深容易误伤腹腔脏器，由于新生鼠的皮肤呈半透明状态，可以清楚地看见注射针头进入腹腔后的位置，所以仔细操作完全可以避开肝脏。

进针的深度或角度不准确，不计点。

（3）注射（图19.5）。缓慢匀速推注伊文思蓝溶液 25 μL。

注意：新生鼠的腹腔空间小，若注射的液体过多，易发生漏液。

推注过猛，不计点。

（4）拔针。松弛右后肢，缓慢沿原针道拔针。

注意：当完成注射后，停留几秒，松弛新生鼠的右后肢，减轻腹压，再缓慢拔针，可降低漏液的概率。

拔针前未放松右后肢，不计点；没有沿原针道拔针，不计点；拔针溢液，不计点。

（5）确认（图19.6）。观察伊文思蓝溶液在腹腔内的位置。

注意：由于新生鼠皮肤和腹壁一定程度上呈透明状，当完成伊文思蓝溶液注射后，可见腹腔内被蓝染，且拔针后没有液体渗出。

蓝染区域不对，整个操作点数归零。

（6）结束。当注射完成后，新生鼠应裹上原笼盒内的脏垫料后再放入笼盒。

注意：新生鼠操作完成后应裹上原笼盒的脏垫料，混合原母鼠的气味后再放入笼盒，避免被咬致死。

注射后动物死亡，整个操作点数归零。

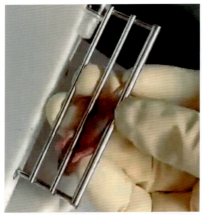 

图 19.3　新生鼠腹部上贴固定器间隙　　图 19.4　注射器针头向前小角度刺入腹腔

 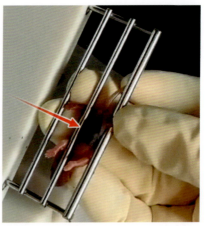

图 19.5　随着腹腔注入溶液，可见腹腔蓝染　　图 19.6　注射后腹腔蓝染，如箭头所示

2. 操作要点小结

（1）新生鼠的个体娇小，不易保定，选用固定器间隙为腹腔横径的 1/2～2/3 的固定器较为适宜，本实验所用自制固定器间隙宽度为 5.8 mm。

（2）新生鼠的腹腔空间小，注射量需精准限制，避免拔针溢液。

（3）新生鼠腹壁和皮肤极薄，需选用 30 G 针头胰岛素注射器，以免造成过度损伤。

（4）液体注射完成后需先松弛保定，减轻腹压，再拔针，以降低漏液的概率。

五、思考题

（1）如何避免扎到腹腔脏器？

（2）腹腔注射后如何避免拔针漏液？

六、拓展阅读

《Perry 小鼠实验给药技术》"第 2 章　腹腔注射概论""第 5 章　新生鼠腹腔注射"。

第 20 章
新生鼠眼眶静脉窦注射[①]

一、概述

由于新生鼠表浅静脉非常细小，难以用于注射，故静脉给药选择眼眶静脉窦注射较为方便。但由于新生鼠尚未睁眼，因此该操作有一定难度。

新生鼠体重仅约 1.6 g，非常脆弱，眼眶静脉窦注射需使用特殊方法和工具。

1. 常见操作误区

"新生鼠表浅静脉太细小，无法进行静脉给药。"其实，表浅静脉给药的途径除了静脉注射，还可以做眼眶静脉窦注射。

2. 专业操作

小鼠浅麻醉，用改良针头行穿皮眼眶静脉窦注射。

二、解剖学基础

新生鼠尚未睁眼，眼睑皮肤菲薄，能看到眼睑下面虹膜的颜色（不同鼠种虹膜颜色有异。例如，B6 鼠为黑色，ICR 鼠为白色），可以此确定眼球表面的边界。

三、器械材料

1 mm 注射器。连接针头后，吸入 25 μL 1% 伊文思蓝溶液待用。

34 G 1.5 mm 水光针（图 20.1）。针头外套硅胶管（内径 0.17 mm），露出 0.95 mm 针头（图 20.2）。

碎冰，纱布。

[①] 本章作者：杨宇。

图 20.1　34 G 水光针。使用时看不到针头刺入深度，需要靠套在针头上的硅胶管控制刺入深度

图 20.2　针头套硅胶管后露出的长度

四、操作

1. 操作步骤

（1）麻醉。将小鼠放置在用纱布包裹的碎冰上，冰冻 3 ~ 4 min，使小鼠短暂失去运动能力。

注意：将新生鼠直接放到碎冰上，会划伤其皮肤。碎冰需要用纱布包裹后使用。

新生鼠未经麻醉直接使用，不计点；新生鼠直接放到碎冰上，不计点。

（2）固定（图 20.3）。左手轻柔固定小鼠，使其一侧面部朝上。

注意：重手按压，会导致新生鼠骨折。切记轻柔。

固定不良，使新生鼠受伤，不计点。

（3）持针。右手持匕式持针。前臂和右腕支撑于台面，稳定注射器。

注意：常规持针，注射时拇指推动针芯，容易使整个注射器位移。做固定注射器精准注射，需要持匕式持针。这种方法大拇指按压针芯，不会导致整个注射器位移。操作者前臂固定在台面上，可以稳定手，能够做到腕支撑，稳定性更好。详情请参阅《Perry 小鼠实验手术操作》"第 8 章　注射器的使用""方式 7"。

持注射器方式不对，不计点；右臂、右腕无支撑，不记点。

（4）进针（图 20.4）。在眼与鼻连线上，距离眼角内眦虹膜边缘 1 mm 处垂直进针。

注意：斜向眼球后极进针是错误方向，针头没有停留在眼眶静脉窦内，会造成眼肌杯内注射。新生鼠眼睑内眦尚不明显，但是由于眼睑菲薄，可以清楚看到虹膜的范围。虹膜边缘即角膜缘，基本就是眼球投影的边缘。垂直进针才是进入眼眶静脉窦的恰当方式。

进针位置、角度不对，不计点。

（5）注射。待针进入预定位置，稳定针，右手拇指推针芯，其他4指保持不动，缓慢推入伊文思蓝溶液。

注意：新生鼠眼眶空间非常小，若没有稳定针头就注射，溶液很容易部分进入眼球后的眼肌杯内。

注射时针头移动，不计点。

图20.3　左手轻柔固定新生鼠

图20.4　在内眦虹膜边缘1mm处垂直进针

（6）蓝染（图20.5）。随着溶液的推入，可见颞浅静脉—面后静脉—颈外静脉顺序显蓝色。

注意：如果发现蓝色没有沿着颞浅静脉顺向蓝染，而是呈局部弥散，说明针头不在眼眶静脉窦内。

未见颞浅静脉蓝染，不计点；局部弥散性蓝染，显示注射到眼眶静脉窦外，所有点数归零。

（7）完毕。液体推注完毕，颈外静脉全长呈现蓝色（图20.6）。停留10 s拔针。

注意：注射后立即拔针，容易出现针孔溢液。因为新生鼠尚未发育成熟，软组织软弱纤细，不足以封闭针孔，故需要一定的停针时间。

图20.5　随着眼眶静脉窦注入溶液，可见颞浅静脉蓝染

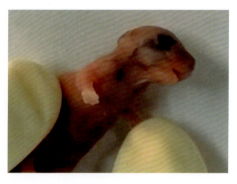

图20.6　注射后颈外静脉全长蓝染

注射后未停针即拔针，不计点。

（8）苏醒。保温待新生鼠恢复活力，混合原笼盒内的脏垫料后放入笼盒中继续饲养。

注意：不待新生鼠恢复活力就返笼，容易造成其死亡。

新生鼠死亡，所有点数归零。

2. 操作要点小结

（1）眼眶静脉窦注射需在小鼠静止不动的情况下进行，成年鼠通常选择麻醉剂来麻醉，而新生鼠可使用冰冻低温浅麻醉来维持短时间的麻醉效果。

（2）眼眶静脉窦的进针深度非常重要，徒手很难精准控制小于 1 mm 的进针深度，因此需要借用工具来实现，例如，用硅胶管套住针芯，预留一定长度来达到精准控制进针的深度。

五、思考题

（1）新生鼠眼眶静脉窦注射时，如何避免伤到眼球？

（2）如何判断眼眶静脉窦注射成功？

六、拓展阅读

《Perry 小鼠实验标本采集》"第 37 章　眼眶静脉窦采血概论"；《Perry 小鼠实验给药技术》"第 37 章　眼眶静脉窦注射"。

全麻状态操作

第二篇

第 21 章

皮内注射

一、概述

皮肤注射药物的方式,临床上一般分为两种,小鼠实验可分为 5 种(图 21.1)。

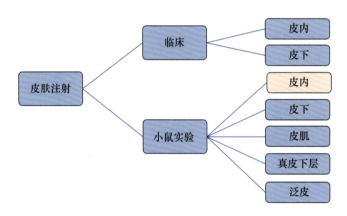

图 21.1 皮肤注射药物的方式。粉色框部分为本章涉及内容

临床皮内注射是将药物注入皮内层,主要用于免疫反应注射和疫苗注射等。

小鼠皮肤给药的方法很多,在《Perry 小鼠实验给药技术》"第三篇 皮肤给药"中分 11 章进行了详细介绍。其中皮内注射由于操作精细,需在全麻状态下进行。

皮内注射的靶向目标是真皮层和真皮下层。

1. 常见操作误区

(1)"小鼠皮内注射是将药物注入真皮层。"其实这几乎是不可能的。因为常用的皮内注射针头(31 G)直径约为真皮层厚度的两倍。实际操作中,能把药物注入真皮层和真皮下层已经是最佳结果了。

(2)"小鼠皮内注射药物吸收较皮下注射慢。"其实小鼠的皮内注射,药物不仅在皮内,而且更多在真皮下层。那里有丰富的小血管,药物吸收快。而皮下层缺乏小血管,药物吸收慢。

2. 专业操作

水平进针到真皮层和真皮下层，将少量药液注入，皮肤表面呈现典型的鸟巢样外观。

二、解剖学基础

小鼠的皮肤非常薄，以常用来做皮内注射的腹部皮肤为例，真皮层厚度为 100～140 μm，真皮层和真皮下层的总厚度为 250～280 μm（图21.2），皮肌层厚度为几十微米。

不同层次的组织结构密度有明显的区别，按照从高密度到低密度排列，依次为表皮层、真皮层、真皮下层、浅筋膜层。容纳液体的能力与密度成反比。

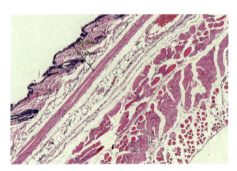

图 21.2　小鼠腹部皮肤组织切片（H-E 染色）。图示真皮层厚度为 133 μm，真皮层和真皮下层厚度为 278 μm

毛根位于真皮下层，毛囊漏斗部开口于表皮。毛囊内有毛干通过真皮层抵达表皮外。毛囊本身缺乏弹力，当真皮层和真皮下层膨胀变厚时，毛囊漏斗部在表皮形成凹陷，皮肤大体呈现橘皮样变。

三、器械材料

31 G 针头胰岛素注射器，尖镊，酒精棉片，棉棒，1% 伊文思蓝溶液 5 μL。

四、操作

1. 操作步骤

（1）准备。小鼠吸入麻醉，取侧卧位。腹部注射部位局部备皮，酒精棉片消毒。

注意：四肢无须固定。持注射器的手于操作台上支撑，以稳定注射器。酒精消毒面积控制在 1 cm^2 之内即可，以免面积过大降低小鼠体温。

酒精消毒面积大于 1 cm^2，不计点；持注射器的手没有支撑，不计点。

（2）进针（图21.3）。尖镊夹住皮肤做对抗牵引，针尖斜面向上，水平刺入真皮层、真皮下层。潜行 2～3 mm 停针。

注意：小鼠真皮层和表皮层较致密，为了避免进针时皮肤发生位移，用尖镊夹住皮肤，做对抗牵引以助平稳进针。

针尖斜面向上以防注射时药液进入皮肌层。注射器针头的直径已经略大于真皮层和真皮下层的总厚度，针头是靠钻挤进入皮内的。针孔向下注射，药液很容易突破真皮下层。

针头在皮内潜行，清晰可见。如果看不到针头，说明已经透过皮肌层，进入了浅筋膜层。

针头在皮内潜行至少 2 mm，以防止拔针溢液。控制注射量，也是避免拔针溢液的措施。

进针时针头斜面没有向上，不计点；针头潜行刺破皮肤表皮，不计点；针头在皮内潜行不足 2 mm，不计点。

（3）注射（图 21.4）。缓慢注射伊文思蓝溶液 5 μL，可见表皮呈橘皮样变（图 21.5）。

注意：真皮层组织致密，注射速度不可快，注射量不可大。

注射过快，不计点；表皮未见橘皮样变，不计点；表浅皮肤未见鸟巢样变，不计点。

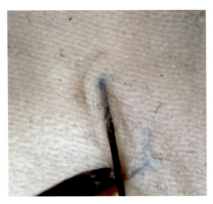 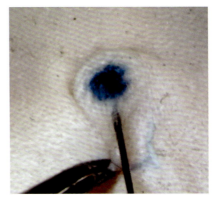

图 21.3　用尖镊做对抗牵引，针头在真皮层和真皮下层潜行　　图 21.4　开始注射，伊文思蓝溶液自针孔处向外周环形扩散，皮肤最外周明显隆起

（4）拔针。停针 10 s，在棉棒压迫针孔的状态下沿原针道拔针。

注意：注射后稍作停针，增加药液浸入组织的时间，可减轻拔针溢液。

拔针大量溢液，不计点；没有停针就拔针，不计点；没有在棉棒压迫针孔下拔针，不计点。

（5）检验（图 21.6，图 21.7）。当即沿注射区边缘以"U"形剪开并翻起皮肤全层，在皮肤内面剪切翻起皮肌，暴露真皮下层，观察蓝染区域。

注意：检验不属于操作技术，但是要根据结果记点数。

皮肌或浅筋膜蓝染，所有点数归零。

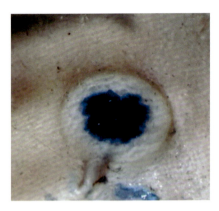 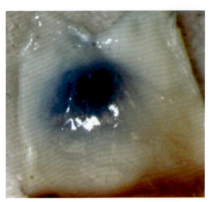

图 21.5　注射完毕，注射区域呈碟形隆起，表面呈橘皮样变

图 21.6　注射后检验效果，周围皮肤以"U"形剪开并翻起。图示翻起的皮肤全层

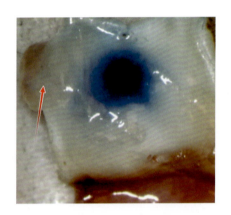

图 21.7　皮肌向左侧翻起，如箭头所示。可见皮肌没有蓝染，真皮下层蓝染

2. 操作要点小结

针头在皮下潜行时，必须维持在真皮层和真皮下层中。

五、思考题

（1）流行的小鼠皮内注射，实质上是将药物注入哪个解剖层？

（2）如何鉴别皮下注射和皮内注射后的形态区别？

六、拓展阅读

《Perry 小鼠实验给药技术》"第 27 章　皮内注射"。

第 22 章 大收肌注射

一、概述

小鼠大收肌体积较大，可以容纳较多注射液；面积宽大，便于电穿孔转基因操作。所以，大收肌是用于肌肉转基因操作的首选目标。

大收肌有独特的解剖位置，可以经皮注射。操作快速，但是需要一定的解剖知识和熟练技术。

1. 常见操作误区

"大收肌隐藏在长收肌和股薄肌深面，必须切开皮肤，分离这两块肌肉，暴露大收肌才能注射。"其实，专业操作完全可以在非直视状况下进行，经皮穿刺入大收肌注射。

2. 专业操作

确认进针点，掌握好进针角度、深度，直接注射，并在数秒内完成操作。

二、解剖学基础

大收肌位于大腿内侧肌群组深层，其表面有长收肌和股薄肌交叉覆盖。在近膝关节处暴露一片小三角区域，称为大收肌三角。

大收肌三角呈等腰三角形，其两个侧边分别是长收肌外缘和股薄肌内缘，底边是胫骨粗隆后侧。局部备皮后，胫骨粗隆可以明显辨别。擦拭酒精后，可以清晰地看到浅色小鼠皮下走行的隐静脉横穿过大收肌三角顶角近端（图 22.1）。进针点就在三角底边的中心。如此不用切开皮肤，也可以确认进针点。

切除股薄肌和长收肌，暴露大收肌，可见其为长方形（图 22.2）。

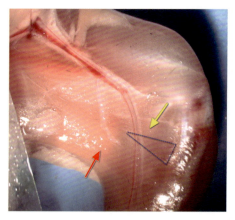
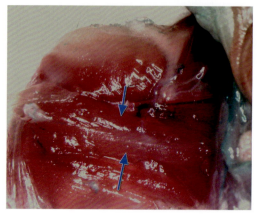

图 22.1　蓝色三角示左腿大收肌三角。黄箭头示长收肌；红箭头示股薄肌。可见隐静脉、隐动脉和隐神经穿过大收肌三角顶角近端

图 22.2　大收肌解剖照。图示长收肌和股薄肌切除后，暴露的左腿大收肌。箭头示大收肌。大收肌呈长方形，其上方可见股动脉和股静脉

三、器械材料

29 G 针头胰岛素注射器，齿镊，棉棒，1% 伊文思蓝溶液 40 μL。

四、操作

1. 操作步骤

（1）准备。小鼠常规麻醉，右大腿内侧剃毛。仰卧于操作台上，大腿外展，股骨与脊柱呈 90°，小腿与大腿呈 90°。酒精消毒大收肌三角区域。

注意：四肢不必用胶带固定，摆正体位即可，方便定位。酒精消毒区仅限于大收肌三角。消毒面积过大，影响体温保持。

体位摆定不正，不计点；酒精消毒皮肤面积过大，不计点；未用酒精消毒，不计点。

（2）定位（图 22.3）。辨别胫骨粗隆、隐静脉皮下走行位置，确认大收肌三角位置。确定皮肤进针点在三角底边中心。

注意：根据胫骨粗隆和隐静脉，可以在体表确定大收肌三角的位置。然后确定进针点。

1 min 尚找不到进针点，不计点。

（3）进针（图 22.4，图 22.5）。用齿镊夹住膝关节内侧皮肤做皮肤固定。针头在进针点向大收肌三角顶角方向经皮进针，小角度刺入大收肌，平行大收肌长轴进针 5 mm 停针。

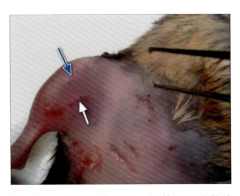

图22.3 局部备皮完毕。隐约可见隐静脉（白箭头示）走行于皮下，蓝箭头示胫骨粗隆

图22.4 针头刺入皮肤进针点，指向大收肌三角顶点。齿镊夹住皮肤固定

注意：进针点、进针深度和角度以及角度的改变，是此操作成败的关键。针头刺入肌肉内则不可见，立体定位很重要。一旦药物注射到肌肉外，肌肉转基因操作会完全失败。

进针点、进针角度和深度，任何一项把握不准确，均不计点。

（4）注射（图22.6，图22.7）。匀速注入伊文思蓝溶液 40 μL。棉棒压迫进针点，沿原针道拔针。可见注射区域有大收肌形态蓝染。

注意：停针注射后，如果成功，立即可见大收肌部位隆起。浅色小鼠可见皮下隆起区局部蓝染。如果洞穿大收肌，绝大部分溶液会进入股骨后间隙，看不到明显的局部隆起，蓝染不清晰，不会呈现大收肌轮廓。

拔针时棉棒压迫针头刺入大收肌的部位，而不是刺入皮肤的部位。

注射后未见大收肌部位明显隆起，不计点；没有用棉棒压迫拔针，不计点。

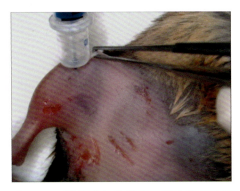

图22.5 针头进入大收肌，不会伤及皮下的隐动静脉和神经

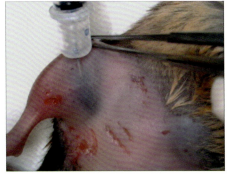

图22.6 注射伊文思蓝溶液，可见大收肌轮廓蓝染，局部隆起

（5）检验（图22.8）。立即切除局部皮肤，分离长收肌和股薄肌，暴露大收肌中部。

可见大收肌蓝染，其周围肌肉未见蓝染。用镊子夹起大收肌，观察其深处的股骨后间隙有无蓝染。

注意：正式实验不允许检验。培训操作可以即时检验。成功的注射，蓝染局限在大收肌内。

大量蓝色溶液在大收肌外，所有点数归零。

 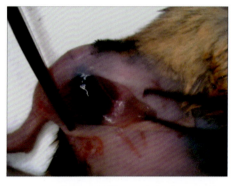

图 22.7　注射后，皮肤覆盖下的大收肌蓝染状况

图 22.8　检验注射效果。切除表面皮肤，分离长收肌和股薄肌，暴露大收肌，可见蓝染边缘清晰，没有溶液泄漏

2. 操作要点小结

（1）辨别大收肌三角，准确定位。

（2）精准控制进针角度和深度。

五、思考题

（1）大收肌三角的三条边是什么？

（2）主要覆盖大收肌的肌肉有哪些？

（3）大收肌注射进针点在哪里？

六、拓展阅读

《Perry 小鼠实验给药技术》"第 11 章　大收肌注射"。

第23章 颈外静脉注射

一、概述

小鼠最大的表浅静脉是颈外静脉。血管手术、插管和注射都常用到它。

颈外静脉注射有两种方式（图23.1）：暴露注射法和穿皮注射法。暴露注射法分为传统的逐层暴露法和一剪暴露法。一剪暴露法又分为纵剪法、横剪法和穿胸骨皮肌注射法。

逐层暴露法不够专业，穿胸骨皮肌注射法拔针止血的效果不如纵剪法。本章介绍纵剪法。

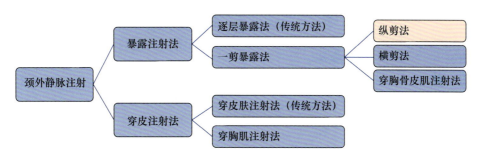

图23.1 小鼠颈外静脉注射方式。粉色框部分为本章涉及内容

1. 常见操作误区

（1）"直接从颈外静脉进针，对无可避免的拔针出血，必须采取按压或血管结扎等止血措施。"根据小鼠的解剖特点，完全可以穿胸肌进针颈外静脉，避免拔针出血。

（2）"用酒精擦拭皮肤是充盈局部颈外静脉的唯一方法。"按压颈外静脉锁骨部阻止血流，是更有效的充盈颈外静脉的方法。

2. 专业操作

按压颈外静脉锁骨部，使颈外静脉充盈，便于静脉穿刺。穿刺胸肌前缘进针颈外静脉，可以避免拔针出血。

二、解剖学基础

小鼠颈外静脉走行于两侧颈部皮下，内侧贴靠颌下腺外缘。充盈时直径可达 1 mm，是最大的表浅静脉。其由面前静脉和面后静脉汇合而成，沿途有数支颈部表静脉汇入，从胸肌前缘深面越过锁骨表面，汇入锁骨下静脉（图 23.2，图 23.3）。

颈外静脉充盈度大，压迫远端，可以令其成倍充盈。由于其跨越锁骨表面，很方便找到并从皮肤表面按压，有效阻止血流。

颈外静脉在越过锁骨之前，钻入胸肌深面，并与之紧密贴合。直视下针头经过胸肌逆血流方向刺入颈外静脉 1 mm，就可以看到颈外静脉内的针头，方便确认针头是否在血管内。拔针时肌肉的弹性可以封闭针道，避免拔针出血。

距离锁骨近端 1 mm 处，是颈外静脉跨越锁骨的位置。浅色小鼠备皮后可以清楚地看到颈外静脉的走行。深色小鼠备皮后仍然看不清颈外静脉走行，在皮肤表面擦拭酒精，有助于看到颈外静脉。

（1）胸锁关节：锁骨横向，内端与胸骨衔接，形成胸锁关节。胸锁关节的特点为，点压之，上肢明显上抬。用这种方法很容易确定胸锁关节的位置。

（2）胸骨皮肌：颈外静脉表面有一条非常薄的胸骨皮肌由内后向外前斜行。穿过此肌肉做颈外静脉注射，拔针时也有止血效果。由于肌肉薄，止血效果不如胸肌。建议使用不超过 31 G 的细小针头。

颈外静脉表面皮肤薄而软，移动性大。近锁骨区的脂肪垫内没有较大的血管，剪开不会出血；而远锁骨区的脂肪垫内则有血管分布，所以分离脂肪暴露颈外静脉时，注意勿伤及远锁骨区的脂肪垫。

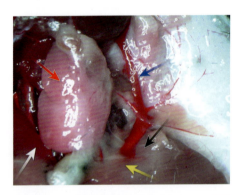

图 23.2 小鼠右颈外静脉解剖照。示颈外静脉夹在锁骨与胸肌之间走行部位。蓝箭头示颈外静脉；红箭头示向外侧翻起的颌下腺；白箭头示右胸骨乳突肌；黄箭头示胸肌前缘；黑箭头示右锁骨

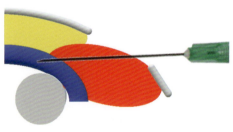

图 23.3 小鼠颈外静脉经胸肌注射示意。红色示胸肌；蓝色示颈外静脉；黄色示脂肪垫；灰色条形示皮肤，左下角灰色圆形示锁骨横断面

三、器械材料

眼科剪，皮肤镊，31 G 针头胰岛素注射器（针头弯折 30°），酒精棉片。

四、操作

1. 操作步骤

（1）麻醉。小鼠常规麻醉，颈部备皮。

注意：如果吸入麻醉面罩足够小，不影响颈部操作，吸入麻醉应作为首选。反之，需行注射麻醉。

备皮要远离术区。避免体毛飞扬，污染术区。

小鼠在术区备皮，不计点。

（2）安置。小鼠仰卧位安置于手术板上，固定上门齿，垫高后颈，两侧弹力带固定四肢。酒精棉片消毒术侧皮肤。观察颈外静脉位置（图 23.4）。

注意：小鼠四肢固定不限于弹力带，也可以采用胶带，但是不能用绳索捆绑。

浅色小鼠可直视确认皮下的颈外静脉位置。深色小鼠可用胸锁关节探查法确定颈外静脉锁骨部。

用绳捆索绑的方法固定小鼠四肢，不计点。

（3）夹皮（图 23.5，图 23.6）。用皮肤镊垂直颈外静脉走行夹持术侧颈部皮肤和颈侧脂肪垫，拉起。

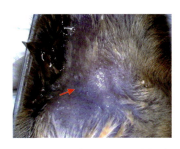

图 23.4 备皮后可见颈外静脉在皮下走行形态，箭头示颈外静脉

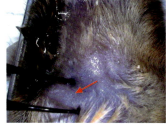

图 23.5 镊子张开的尺度如箭头所示。适宜的尺度可以保证将皮肤和脂肪垫一起夹住

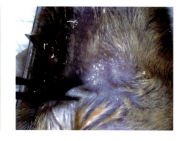

图 23.6 将皮肤和脂肪垫一起夹起的状态

注意：镊子必须将皮肤和脂肪垫一起夹住。如果仅夹住皮肤，剪开后还需要分离血管表面的脂肪。如果夹持过深，连同血管一起夹住，则会剪开血管。只有夹住皮肤和脂肪垫，方可一剪暴露颈外静脉。夹持过浅，镊子的移动度很大。夹持过深，移动

度小，移动时小鼠同侧前肢会随动。夹持适宜，有夹物厚而可动的感觉。这个感觉需要靠实操经验积累和体会。这是本操作的技术关键。

镊子仅仅夹住皮肤，没有夹住脂肪垫，不计点。

（4）喂剪（图23.7）。将皮肤拉入剪口。同时剪子向前，下刃顶住拉起的皮肤根部。

注意：这是一步特殊的剪镊配合操作。镊子夹住小鼠皮肤和脂肪垫后，向上拉起。剪子张口平贴在颈部，剪尖向前顶住拉起的皮肤根部。镊子将皮肤和脂肪垫放平拉入剪口。

镊子向上提拉皮肤，直接剪开皮肤，不计点。

（5）剪开。沿颈外静脉纵轴一剪剪开皮肤和脂肪垫，暴露颈外静脉，长度约1 mm（图23.8）。

注意：剪尖顶在皮肤根部一剪剪开皮肤和脂肪垫，暴露约1 mm的颈外静脉及其周围的胸肌和脂肪。这一剪须果断准确，不可拖泥带水。

分几次剪开，不计点；一剪将颈外静脉剪破，全部操作点数归零。

（6）下压。用镊子侧面下压颈外静脉锁骨区表面的胸肌，阻断静脉血流。

注意：下压颈外静脉表面的胸肌，有效地阻止血流，可以使颈外静脉立刻明显充盈，直径甚至可增大1倍，给针头经肌肉刺入血管提供非常便利的条件。

没有阻断静脉血流就直接进行针刺操作，不计点。

（7）穿肌（图23.9）。针头架在镊子上，小角度刺入胸肌前缘，进而刺入颈外静脉。

注意：针头架在压迫颈外静脉的镊子上，可以明显提高针头的稳定性。

针头指向颈外静脉逆血流方向，从胸肌前缘小角度进针，针孔向上，针尖指向胸肌前方暴露的静脉血管。针头刺入肌肉1 mm后，即可看到针头出现在颈外静脉内。

进针角度过大，针头对穿血管，不计点；进针角度过小，针尖出胸肌到血管外表面，从非胸肌覆盖区进入血管，不计点。

图23.7 用镊子将皮肤送入剪口（红箭头所示），同时剪子向前顶（蓝箭头所示）

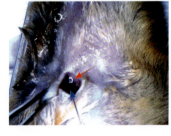

图23.8 剪开皮肤和脂肪垫后暴露的颈外静脉。蓝箭头示颈外静脉；红箭头示剪开的脂肪垫断面

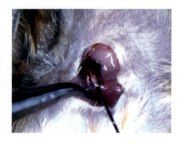

图23.9 针头经胸肌刺入颈外静脉，针头在血管中清晰可见

（8）注射。停止深入，见到针头即可开始匀速注射。

注意：确认针头在血管内，而且针尖没有触碰血管壁，马上停止深入，即可开始匀速注射。不要拖延针头在静脉内的时间。

注射时控制针头，避免其在血管内移动，以避免不必要的血管损伤。

针头刺入胸肌，5 s 后还不能开始注射，不计点。

（9）拔针（图 23.10）。注射后迅速沿着原针道拔针。

注意：如果没有沿着原针道拔针，容易划伤血管，扩大血管穿刺伤口，更严重的是扩大了原针道，容易导致拔针出血。

拔针后，无论是肌肉针孔出血，还是血管直接出血，均不计点。

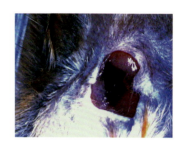

图 23.10 注射后沿原针道经胸肌拔针，没有拔针出血现象

（10）闭合。用镊子将两侧皮缘拉合到一起。封闭伤口后常规消毒。小鼠苏醒后返笼。

注意：剪开的脂肪垫无须处理。如果没有后续实验，可以闭合皮肤切口。简单缝合 1 针，或用皮肤切口夹夹合、组织胶水粘合均可。

小鼠皮缘拉合后，皮缘内翻，不计点；缝合过紧，不计点；忽略了伤口消毒，不计点。

2. 操作要点小结

（1）镊子夹持皮肤和脂肪垫的深度必须准确。

（2）要用镊子把皮肤喂进剪口。

（3）经胸肌进针，经原针道拔针。

（4）在阻断颈外静脉血流状态下进针。

五、思考题

（1）保证一剪安全暴露颈外静脉的要点有哪些？

（2）操作中，如何使颈外静脉充盈？

六、拓展阅读

《Perry 小鼠实验给药技术》"第 39 章 颈外静脉注射"。

第 24 章
颈外静脉采血

一、概述

小鼠静脉血样分为洁净血和非洁净血（图 24.1）。采血方式分为重度损伤和轻度损伤两种方式。经皮穿刺采集流出的血液为非洁净血。洁净血大多是通过注射器采集的。心脏穿刺采血属于重度损伤方式采血。轻度损伤方式常采用颈外静脉经皮穿刺抽血。

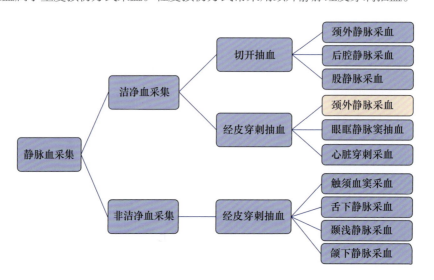

图 24.1 小鼠静脉血采集方式。粉色框部分为本章涉及内容

中等量静脉血样精准采集，可选择颈外静脉，方法有二：经皮穿刺抽血和切开皮肤、直视下穿刺抽血。前者损伤小，用时少，为首选方法，技术要求较后者高，是本章介绍的内容。

1. 常见操作误区

"经皮直接穿刺颈外静脉，拔针不出血。"那是因为体毛遮蔽视线，看不到血出到体外，不等于没有皮下出血。

2. 专业操作

（1）先阻断颈外静脉血流以充盈血管，再确认血管投影位置。

（2）经皮肤刺入胸肌进针颈外静脉，以避免拔针皮下出血。

二、解剖学基础

参阅"第 23 章　颈外静脉注射"。

三、器械材料

弹力止血带（细硅胶管），29 G 针头和 1 mL 注射器，酒精棉片。

四、操作

1. 操作步骤

（1）麻醉。小鼠吸入麻醉，胸颈备皮。

注意：这个操作时间很短，适宜采取吸入麻醉。

备皮后方可看到颈外静脉走行。但是深色小鼠的颈外静脉在备皮后也难以辨认，需要用触摸的方法。

在术区外备皮，再固定到手术板上，避免备皮产生的体毛污染术区。

小鼠固定在手术板上再备皮，不计点。

（2）固定（图 24.2）。小鼠仰卧位固定于采血板上，挂上门齿，垫高后颈，双前肢外展固定，锁骨横向弹力止血带勒紧，阻断颈外静脉血流。酒精棉片轻擦颈外静脉皮肤投影处，进一步充盈和显示血管。

注意：这个固定体位，可以使小鼠颈部上抬，更好地显示颈外静脉，便于穿刺操作。

小鼠体位固定要素，包括门齿、前肢、后颈、弹力止血带，缺一不计点。

（3）进针（图 24.3）。定位颈外静脉在锁骨部的走行（定位方法请参阅"第 23 章　颈外静脉注射"）。小角度从胸肌前缘经皮进针，针头逆血流方向，穿过肌肉刺入颈外静脉。

注意：准确进针是这个操作的关键。有 3 个条件：

① 找到颈外静脉。酒精擦拭皮肤后，更清楚地显示血管走行。但是深色小鼠的颈外静脉显示还是不理想。在固定弹力止血带后，用点触法找到颈外静脉锁骨部。在此

处用钝针头点触，可以找到颈外静脉的走行。

②找到胸肌前缘。用针头探准胸肌前缘，方可决定进针点。

③掌握进针的角度。需要有三维感觉，方可把握进针的精确角度。

30 s 找不到进针点，不计点。

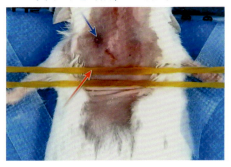

图 24.2　小鼠固定位。蓝箭头示颈外静脉；红箭头示颈外静脉锁骨部被弹力带压迫位置

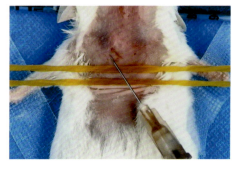

图 24.3　准备进针，图示进针点和进针角度

（4）采血（图 24.4，图 24.5）。轻抽针芯，见回血后匀速缓慢抽血到预设量。从原针道拔针。

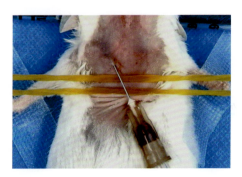

图 24.4　针头经胸肌前沿进入颈外静脉，开始抽血，可见针头有血液进入

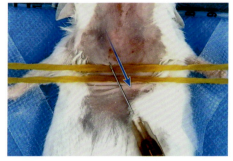

图 24.5　抽血完毕，针头刚拔出皮肤，箭头示拔针方向，可见颈外静脉已经塌瘪

注意：针头没有进入静脉，抽不出血液。

已抽出血液，但是不能持续抽出血液，可能是因为抽吸力度过大，把血管壁吸入针孔，阻塞了血液进入针头，所以要轻抽针芯。解决方法是反向推入少许血液，稍微下压针头，再轻抽针芯。

见回血后有两个禁忌：①回抽针芯过快。②针头控制不稳，操作过程中从血管内滑脱。因为不能直视针头，所以见到回血后，控制针头不动，匀速抽血有助于针头稳定。

所有经肌肉进针血管的操作，必须从原针道拔针方可避免拔针出血。一旦完成采血后，忽略了拔针方向，容易造成肌肉被针头侧刃和针尖切割，出现针道闭合不良出血。

1 min 仍然没有回抽到血液，停止操作，所有点数归零；抽血速度不稳定，不计点；没有从原针道拔针，不计点。

（5）结束。停止吸入麻醉，放开弹力止血带，放开门齿和前肢限制。小鼠返笼清醒。

注意：小鼠清醒后返笼和在笼中清醒均可。但是在笼中清醒，需要观察到确实清醒后，方可结束操作，避免小鼠在笼中死亡而未觉察。

先将小鼠脱离麻醉面罩，后停止麻醉气体，不计点。

2. 操作要点小结

（1）充分充盈颈外静脉，合理固定小鼠，方便探查血管和操作。

（2）精准进针位置、角度和深度，经皮经肌肉进入静脉，慢速匀速采血。

五、思考题

（1）在这个操作中，令小鼠颈外静脉充盈的方法有哪些？原理何在？

（2）如何找到黑色小鼠的颈外静脉走行？

（3）进针的角度如何确定？

六、拓展阅读

《Perry 小鼠实验标本采集》"第 46 章　颈外静脉采血"。

第 25 章

开腹

一、概述

小鼠实验手术中,开腹是常用的基础操作。由于小鼠的解剖特点,开腹手术流程与临床开腹有很大不同。本章介绍小鼠专业开腹手术的操作步骤。

1. 常见操作误区

(1)"简单模仿临床和大动物开腹方法,用手术刀切腹。"这对体形小的小鼠非常危险,极容易伤及内脏。

(2)"简单模仿临床手术步骤,为了术后缝合皮肤,切开皮肤后用剪子分离浅筋膜。"小鼠是松皮动物,这一步操作完全没有必要。

(3)"用剪子剪开皮肤和腹壁。"如此操作一般会出现锯齿样切口边缘,不利于术后缝合与愈合,而且费时费力。根据小鼠的生理解剖特点,专业开腹方法更快捷,且高质量。

(4)"一步剪开腹壁。"开腹时忽略腹腔进气步骤,容易伤及脏器。

(5)没有严格沿着腹中线开腹,导致切口出血。

(6)非特殊需要而将脐后腹壁切开,导致切口出血。

2. 专业操作

(1)用剪刀严格沿腹中线分层划开皮肤和腹壁,轻松快捷,开口边缘整齐。

(2)划开腹壁前先剪小口进气,令脏器下落。

(3)非特殊需要,脐后腹壁不切开。

二、解剖学基础

小鼠腹中线上皮肤血管为网状微小血管,左右互联成网,手术切开腹中线,皮肤不发生明显出血。

其下方的腹壁,自肚脐向前至剑突后,为宽度和厚度分别不足 1 mm、10 μm 的腹膜

（图 25.1，图 25.2）。腹膜是腹肌内外肌膜的延伸。腹膜切口无明显出血。

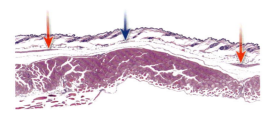

图 25.1 小鼠腹中线部位皮肤病理切片（H-E 染色）。红箭头示腹肌内缘；蓝箭头示腹膜

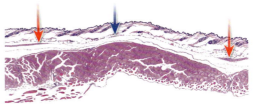

图 25.2 腹膜局部病理切片（H-E 染色）。红箭头示腹肌内缘；蓝箭头示腹膜，显示厚度为 5～8 μm

肚脐向后的腹壁有肌肉组织，富有血管。如无特殊需要，开腹切口避免向后切到肚脐，以免出血。

腹腔是一个密闭体腔，雌鼠虽然有阴道连通体外，但是输卵管开口处有囊膜密封，腹腔也是密闭的。开腹时如不进行进气操作，切开腹壁前，尽管镊子提起腹壁，肠管还是会紧贴腹壁而被间接提起，剪腹壁时容易伤及肠管。

三、器械材料

剪子（要求锋利），皮肤镊。

四、操作

1. 操作步骤

（1）麻醉。小鼠常规麻醉，腹部备皮。

注意：在培训时，此操作不限制吸入麻醉或注射麻醉，不限制剃毛或脱毛。计划开腹长度从肚脐到剑突后。备皮区域必须大于开腹长度，宽度不小于 1 cm。

如果不是裸鼠，忽略备皮，不计点；备皮区小于要求，不计点。

（2）固定。仰卧位固定。腹部皮肤常规消毒。

注意：用绳捆绑四肢固定，会阻碍血流。小鼠麻醉后，用胶带粘贴或弹力带拦挡四肢足矣。

如果是腹腔深部手术，用背垫垫高腰部。本培训不需要垫高腰部。

腹部酒精消毒保持最小面积。无计划的大面积消毒，会导致小鼠体温下降过大。

捆绑四肢固定，不计点；大面积酒精消毒，不计点。

(3）夹皮（图 25.3）。左手持镊横向夹起腹中线上肚脐部位的皮肤。

注意：若镊子纵向夹持皮肤，剪子只能横向剪开皮肤，造成没有必要的皮肤剪切伤。

皮肤剪开的位置未在腹中线上，容易导致出血。

镊子没有横向夹持腹中线皮肤，不计点。

（4）剪皮。剪子在夹起的皮褶上纵向全层剪开皮肤 1 cm。左手持镊保持夹持皮肤，向上提拉。

注意：如果镊子误将腹肌和皮肤一起夹起，皮肤和腹壁会被一起剪破，极易损伤内脏。

皮肤剪开后，松开镊子，不计点。

（5）插剪。下剪刃在皮肤剪口处，向头侧插入浅筋膜后保持剪刃上翘，剪子张开约 1 cm。

注意：剪尖向下，容易刺伤腹壁。这个操作中，下剪尖始终不触及腹壁。

插入皮下的剪刃保持剪尖向下，不计点；下剪刃插入皮下后，剪子全开，不计点。

（6）划皮（图 25.4）。镊子夹住皮肤剪口后端做对抗牵引，保持剪口张开约 1 cm，上剪刃在体外，下剪刃探入皮下，上翘，不触及腹壁，剪口夹在皮肤切口中向前平推，划开腹中线皮肤直抵剑突后。

注意：没有用划开方法，而是一下一下地剪开皮肤，很容易出现锯齿状切口，而且费时费力。在做实验时，需按照具体课题要求，划开皮肤至指定位置。

剪开皮肤，不计点。

（7）进气。皮肤划开后，镊子横向夹起腹中线上肚脐前面透明区腹壁（图 21.5）。剪子纵向剪开 1 cm 腹壁（图 25.6）。镊子保持夹持腹壁，并提起腹壁，令空气经剪口进入腹腔，可见原贴附在腹壁上一同被拉起的腹腔脏器下落，脱离腹壁。

注意：剪开腹腔后，没有提起腹壁，脏器和腹壁紧密接触，剪子插入腹腔时很容易伤及腹腔脏器。连腹腔脏器一起夹住，会导致剪开腹壁时伤及脏器。

把腹壁连同腹腔脏器一起夹起，不计点；偏离腹中线夹持腹壁，不计点；忽略进气步骤，直接剪切腹壁，不计点。

（8）插腹。剪子下刃进入腹腔，剪尖向上贴腹壁内面。

注意：下刃进入腹腔，剪尖没有上翘，即开始划开腹壁，容易伤及腹腔脏器。

剪子下刃进入腹腔后没有上翘，不计点。

（9）开腹（图 25.7）。保持剪口半张，下剪刃贴腹壁内面，沿腹中线匀速向前直推，划开腹壁直抵剑突后。

图 25.3　腹中线剪口方向和位置　　图 25.4　镊子对抗牵引，划开皮肤到剑突后　　图 25.5　镊子在腹中线夹起腹壁　　图 25.6　剪开腹壁

注意：前推出现剪切动作，容易出现锯齿状腹壁切口。前推偏离腹中线，会出现腹壁切口出血。

剪切腹壁，而不是划开腹壁，不计点；没有严格沿腹中线划开腹壁，不计点。

（10）扩口（图 25.8，图 25.9）。反向划开腹壁到肚脐部，完成开腹。

注意：一般在肚脐前某点剪开腹壁进气，进气点距离肚脐的长度没有严格要求。反向划开到肚脐，可以达到标准开腹长度。实际实验中，开腹的长度依实验设计要求确定。技术培训，划开长度为肚脐到剑突后。

忽略反向划到肚脐，不计点；反向划开越过肚脐，不计点。

图 25.7　向前划开腹壁　　图 25.8　反向扩大腹壁切口　　图 25.9　完成开腹

2. 操作要点小结

（1）切口严格沿腹中线。

（2）用剪子划开皮肤和腹壁，不用剪开的方法。

（3）分层划开皮肤和腹壁，不可一次性剪开两层。

（4）开腹壁前先进气。

（5）下剪刃划皮肤时，剪刃上翘，贴皮肤内面；划腹壁时，剪刃上翘，贴腹壁内面。保证不伤及腹腔脏器。

（6）划开皮肤后，无须分离浅筋膜。

五、思考题

（1）为什么划开皮肤后不用分离浅筋膜？

（2）剪子划开皮肤和腹壁时，为何开口 1 cm？

（3）剪刃向前推进无法划开皮肤，是何原因？

六、拓展阅读

《Perry 小鼠实验手术操作》"第 17 章　开腹"。

第 26 章 采血开关

一、概述

当需要把中等量的静脉血分成若干份采集时，可以用这个采血开关的方式采血。手控采血开关的开启和关闭获取所需的多份血样。

能够人为控制出血的血管需要位置较深，有足够长的出血通道，有足够的阻力关闭采血开关，同时需要表浅部位有控制点，可以提高局部血压以开启采血开关。

小鼠眼眶静脉窦具备这些制作采血开关的条件。

1. 常见操作误区

（1）"经皮穿刺眼眶静脉窦，拔针后会出血不止。"其实，拔针后眼眶静脉窦内血液会有少量出血，但很快减少并停止出血。

（2）"经皮穿刺眼眶静脉窦，拔针后只能一次性采集血样。"其实，通过调节颈外静脉血流，可以达到多次采集血样的目的。

2. 专业操作的原则

精准的进针位点、穿刺角度和深度。

二、解剖学基础

小鼠眼眶上半部为骨性，由眶骨构成；下半部为软组织，由颞肌和咬肌以及筋膜构成（图 26.1）。

眼眶静脉窦位于眼眶内，贴眶壁环绕眼肌杯。

眼外眦后方为颞肌，下方为咬肌，颞肌和咬肌的交界沟在眼外眦后下方约 45° 延长线上。每只小鼠两块肌肉交界沟的准确位置用手指触摸可以找到。眼外眦后下方延长线为这个交界沟的体表投影。在成年小鼠的这条延长线上，距眼外眦 3 mm 处为进针点。

从进针点到眼眶静脉窦直线距离不足 3 mm（图 26.2）。

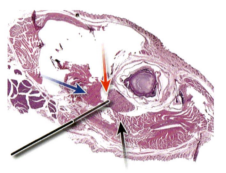

图 26.1 小鼠面部解剖照。局部皮肤切除，暴露面部肌肉。蓝箭头示颞肌；白箭头示咬肌

图 26.2 小鼠眼部组织切片（H-E 染色）。显示进针路径的解剖位置，红箭头示眼眶静脉窦；蓝箭头示颞肌；黑箭头示咬肌

小鼠眼眶静脉窦是通过大量细小静脉输入静脉血的，所以压迫颈外静脉，阻断血流流出通路，会敏感地在短时间内提高静脉窦内压力。

三、器械材料

25 G 注射针头，在 3 mm 处折 60°角（图 26.3）。

图 26.3 折弯的针头

四、操作

1. 操作步骤

（1）体位。以右侧眼眶静脉窦采血为例。小鼠麻醉后，左侧卧位，右眼水平朝上。

注意：小鼠吸入麻醉，不方便进行面部操作，所以一般采用注射麻醉。如果采血量很大，不宜深度麻醉。

小鼠体位要便于操作、便于出血成滴，所以要右眼水平朝上。

小鼠面部进针点用酒精消毒后，立刻开始采血，血液难以在皮毛表面聚集成滴，无法用毛细玻璃管采集血样。如非实验课题专门需要皮表消毒，采血时无须用酒精消毒。如果必须用酒精消毒，需要先备皮，后酒精消毒。待酒精完全挥发后方可进行穿刺采血。

穿刺前随意用酒精消毒皮表，并立即开始采血，不计点。

（2）固定。左手食指固定小鼠后颈，拇指固定颈侧，轻压颈外静脉锁骨部。

注意：轻压小鼠锁骨部，可以阻止颈外静脉血流，造成眼眶静脉窦充盈，方便针头穿刺进入眼眶静脉窦。

没有压迫锁骨部就进针，不计点。

（3）进针。右手持针头，在小鼠右面部进针点（图26.4），针尖指向眼球后极方向迅速刺入，直至针头弯折位置（图26.5）。

注意：进针点可以根据颞肌和咬肌的体表位置和与小鼠眼外眦的距离确定。这个距离约3 mm，无须用尺量。小鼠眼球直径大约3 mm，可以借鉴。

进针深度可依靠针头弯折部位掌握。进针方向需要操作者有立体定位观念，针头指向眼球后极。

进针要迅速且匀速，呈直线刺入，避免造成针道不规则。保证针道阻力的精确和一致性。

进针位置、角度、深度、速度任何一项不合格，均不计点。

图26.4　针头找准进针点和进针角度

图26.5　针头完全插入到弯折处

（4）拔针。放开左手拇指对颈外静脉锁骨部的按压，迅速拔针，可见进针点有少量血液随针带出（图26.6），但是不会持续出血。

注意：先放开颈外静脉锁骨部的压迫，再拔针，可以避免拔针时带出大量血液。因为针道阻力仅仅比小鼠眼眶静脉窦内压稍高。拔针时以不带出血液为宜。实际操作时，难免随针头带出少量血液。及时用第一根毛细玻璃管收集即可。

拔针前没有放开对锁骨部的压迫，不计点。

（5）清理。右手换针头为毛细玻璃管，吸取进针点处带出的少量静脉血。用第一根毛细玻璃管收集。

注意：拔针带出的血量，每只小鼠会有所不同。影响血量的原因有小鼠当时眼眶静脉窦内血压、针道阻力等。

拔针后进针点持续流血，不计点。

（6）采血。左手拇指按压锁骨部，可见进针点再次出血，并在皮毛表面汇集成滴（图26.7）。达到预计血量，放开对锁骨部的压迫，血流停止。继续用第一根毛细玻璃管收集

（图 26.8）。

注意：要控制血滴的大小，避免血滴过大滑落。血量控制在 20 μL 内比较安全。小鼠面部进针点位置固定为水平位很重要，防止血滴过早滑落。

小鼠面部进针点为斜面固定，不计点；出现血滴滑落，不计点。

图 26.6　拔针可带出少许血液　　　　　图 26.7　打开采血开关，血流流出，聚集成滴

（7）重复。多次重复上一步骤，每次用新毛细玻璃管收集血样，直至完成所有血样收集。

注意：血样摆放要有顺序，以保证能够辨别。

每次血样量控制不佳，不计点；血样顺序难以辨认，不计点。

（8）结束。完成血样采集，穿刺伤口少量残血（图 26.9）即刻清理干净。小鼠保温苏醒，或安乐死。

注意：小鼠血样采集量大，不宜继续保留生命，或实验终结，需及时安乐死。如果需要保留生命，注意在保温状态下待苏醒。由于大量失血，小鼠体温会下降，血压下降，保温有利于安全复苏。

终末实验小鼠没有及时安乐死，不计点；保留生命的小鼠没有在保温状态下复苏，不计点。

图 26.8　毛细玻璃管吸取血液　　　　　图 26.9　毛细玻璃管吸取血液完毕，皮表仅留血迹

2. 操作要点小结

（1）根据解剖知识，准确定位进针点，不可刻板按照给予的参考数值操作。

（2）确定进针角度需要把注意点关注在小鼠眼球后极，需要一定的三维想象力。

（3）及时开启和关闭采血开关。

（4）记住 3 个 3 mm：眼球直径、进针点距离眼球、针头弯曲长度。

五、思考题

（1）在本操作中，小鼠眼眶静脉窦内压力如何调控？

（2）为什么在文献中常见小鼠眼眶静脉丛和眼眶动脉丛，或眼后静脉、眼后动脉采血的说法，与眼眶静脉窦采血有何不同？

（3）采血开关的设计，为何要用 25 G 针头来穿刺？

（4）针头进深为什么不要超过 3 mm？

六、拓展阅读

《Perry 小鼠实验标本采集》"第 41 章　眼眶静脉窦'采血开关'"。

第 27 章
心脏穿刺

一、概述

心脏穿刺（图 27.1）用于心脏给药和采血。在小鼠实验中，更多用于心脏采血。

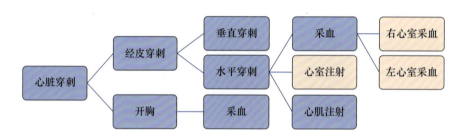

图 27.1　心脏穿刺操作内容。粉色框部分为本章涉及内容

多年来小鼠心脏采血流行开胸直视下采血。随着技术的提高，经皮穿刺采血逐渐普及，大大提高了采血量和采血速度。近年来模仿临床和大动物的垂直经胸穿刺被专业的小鼠经横膈水平穿刺所替代。尤其是左右心室定向穿刺，把小鼠心脏采血和注射技术提高了一大步。

在采血技术理论中，从抽血到引流的概念改变，指导了操作技术的改进。

本章介绍的操作方法是依据小鼠生理解剖特点设计的专业操作规程。以右心室采血为主，并简单介绍左心室采血和心脏注射。

1. 常见操作误区

（1）"开胸直视下行心腔穿刺，可以采集大量血样。"这种误解是不了解心脏采血的原理——构建一条心脏血液流到体外的通路，并利用心脏的作用把血液泵出来，而不是依靠注射器把血液抽出来。

（2）"模仿人类或大动物的心脏采血或注射方式，垂直胸壁进针穿刺心脏。"因为小鼠心脏横轴长度无法容纳采血针针孔和针尖的长度（图 27.2，图 27.3），因此将这种操作简单照搬到小鼠身上，会造成小鼠心脏对穿，胸腔积血，而操作者却未觉察。

（3）仅满足于心脏可以采集血液，而忽视了采集的是静脉血还是动脉血。这是对心脏解剖不了解的盲目操作，所采集的血样不适宜做精密的实验。

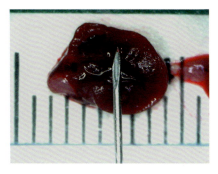 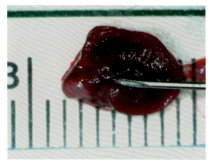

图 27.2　小鼠心脏穿刺解剖示意。垂直进针，心室横轴不能容纳完整针孔

图 27.3　小鼠心脏穿刺解剖示意。水平进针，心室纵轴能够容纳完整针孔

2. 专业操作

采取水平进针，严格按照小鼠心脏三维解剖结构设计心脏穿刺部位、进针深度和刺入角度。严格控制小鼠的体位、调整操作者体位和手位，掌握特殊的稳定注射器的方法和抽吸操作。

二、解剖学基础

小鼠心脏紧贴胸骨和肋骨，右心室中部在腹中线上（图 27.4），左心室中部在左胸肋角纵线上（图 27.5）。所以，右心室穿刺时，小鼠取仰卧位，沿腹中线，在剑突后紧贴着胸骨内面水平进针，针尖可以在右心弧面水平刺入右心室（图 27.6）。左心室穿刺时，取仰卧位，沿胸肋角纵线下压 1 mm，水平进针，从左心尖刺入左心室（图 27.7）。

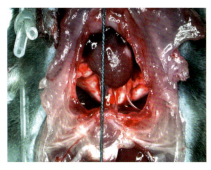 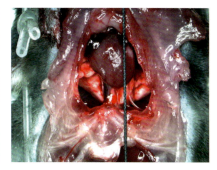

图 27.4　小鼠右心室中部位于腹中线上

图 27.5　小鼠左心室中部位于左胸肋角纵线上

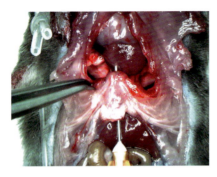 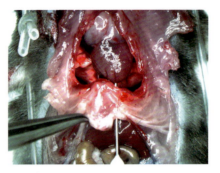

图 27.6　右心室穿刺解剖示意。针头在腹中线，贴胸骨内面，从右心弧面刺入右心室

图 27.7　左心室穿刺解剖示意。针头沿左胸肋角纵线进针，从左心尖刺入左心室

右心室壁明显薄于左心室壁，更方便行心脏穿刺。

三、器械材料

（1）25 G 注射针头和 1 mL 注射器：使用前抽吸针芯数次，以滑快针芯。将针头斜面对准针筒刻度，先吸入 100 μL 空气。

（2）如果需要抗凝剂，事先将抗凝剂通过针头吸入注射器，不要再度排气，保持针头低位，以确保针头内有抗凝剂，采血时可以使血液第一时间接触抗凝剂。事先吸入的空气保持在注射器后端。

（3）吸入麻醉系统：包括麻醉诱导箱和麻醉面罩。面罩固定在心脏穿刺板上。

（4）血样容器：若已经将抗凝剂吸入针筒，容器内就不必再放抗凝剂了。所有标记需要事先做好。

（5）心脏穿刺板（图 27.8）（详见《Perry 小鼠实验标本采集》"第 47 章　心脏穿刺采血"）。

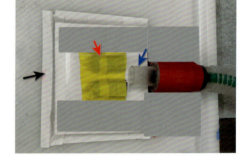

图 27.8　心脏穿刺板。蓝箭头示吸入麻醉面罩；红箭头示腰垫；黑箭头示拇指垫

四、操作

1. 右心室采血

（1）麻醉。小鼠吸入麻醉。

注意：对比注射麻醉，吸入麻醉快速，易于控制。可以麻醉、采血交叉进行，节省时间。一般心脏采血需要 2～3 min，与吸入麻醉完成时间相符，故可以交替连续进行。第一只小鼠麻醉完成时，从诱导箱移至麻醉面罩，将第二只小鼠放入诱导箱。第一只小鼠完成心脏采血后，将第二只小鼠从诱导箱移至麻醉面罩，再将第三只小鼠放入诱导箱。如此重复。

麻醉面罩泄漏，不计点。

（2）体位。小鼠被仰卧安置在心脏穿刺板上，连接面罩维持吸入麻醉。

注意：如果是密封型吸入麻醉诱导箱，小鼠从诱导箱中取出，打开诱导箱盖之前，要置换箱内气体，避免开箱时有异氟烷气体外泄。新式有回吸装置的麻醉诱导箱，则无此忧。

改换面罩麻醉过程中，异氟烷大量泄漏，不计点。

（3）拉直（图 27.9）。左手食指、拇指固定小鼠下颌，右手牵拉鼠尾，拉直脊柱。

注意：拉直脊柱，保证小鼠身体没有左右弯曲。避免进针时小鼠躯体前移。

忽略此操作，不计点。

（4）捋正（图 27.10）。双手食指从腹中线向左右两侧捋小鼠躯干，令躯干无左右偏斜。

注意：左右摆正躯干，以保证水平进针高度。

躯干左右偏斜，不计点。

（5）固尾。左手拇指外缘压住尾根于心脏穿刺板台阶下。

注意：尾根固定直到采血结束，以保证躯干不前后移动。

忽略这个操作，不计点。

图 27.9　拉直脊柱，防止左右弯曲

图 27.10　捋正脊柱，防止左右倾斜

（6）压陷。保持左手拇指固定鼠尾，左手食指将剑突后腹部按压凹陷数毫米。

注意：压陷前腹部，将肠胃向后推，使前腹部下陷约 2 mm，给水平进针在剑突后创造一个垂直面。

未能创造此垂直面，不计点。

（7）定位（图27.11）。左食指再次触摸、确认剑突位置。

注意：剑突是右心穿刺的进针标记，非常重要。进针前必须做最后的确认。

没有确认剑突，不计点。

（8）架持。右手持注射器，将其架在左手拇指外缘上。调整针孔斜面和针筒刻度面向上，双手腕放在操作台面上以求进一步固定双手。

注意：有支撑是注射器稳定的重要方法。左手拇指外缘的高度和注射器针筒半径，应与剑突后缘水平。

注射前没有架针，或手腕悬空，不计点；针孔斜面没有向上，不计点。

（9）进针（图27.12）。针尖在剑突后，贴胸骨内壁，沿腹中线刺穿皮肤。水平进针，高低无倾斜，左右无斜角。

图27.11　压陷前腹，确认剑突　　图27.12　剑突后水平进针

注意：位点、高度、方向三个条件缺一不可。针头刺入没有保持水平位，或斜角进针时针头靠前/靠后，都难以刺入心室。进针靠前会刺入心脏前方（图27.13），靠后会刺入心脏后方（图27.14）。

进针时发现针头穿透皮肤困难，不要强行穿刺，说明针头不够锋利。需要立即更换新针头，否则会突然刺破皮肤，导致进针过深。

进针位点、高度和方向，任何一点不符合要求，不计点。

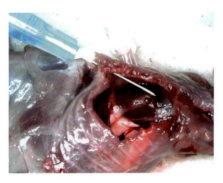 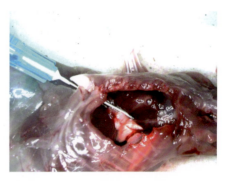

图27.13　针头斜角穿刺，刺入位置靠前，针尖无法刺入心室　　图27.14　针头斜角穿刺，刺入位置靠后，针头落在心脏后方

（10）跳血（图27.15）。刺穿皮肤瞬间，被针尖前顶的皮肤突然反弹复位，可见针头接口有血液进入。

注意:"跳血"是主动回血。虽然未见针头接口有血液就开始采血不一定抽不出血，但是见到血一定可以抽出血。如果不见血，有可能是针头尚未进入心室。先再深入进针少许；如无效，再轻度左右调整针头位置；如仍无效，再轻度回撤针头。

4次调整无效，不计点。

（11）采血。右手中指和食指稳定针筒不动，拇指和无名指抽针芯采血。

注意：保持针头在心室内不动，方可持续采血。抽血前针筒内空气占据空间为 0.1 mL。回抽针芯，保持空气空间不超过 0.2 mL（图 27.16），即保持小于 0.1 mL 的负压。保持这个负压调整回抽针芯的速度，以避免将心室内的软组织吸入针孔内。

如抽血中途无血液继续进入注射器，最大可能是针头被心室内软组织阻塞。此时，将针头轻度向下倾斜，使软组织脱离针孔，多可解除阻塞，继续采血。如此方法无效，则向心脏推入少许血液，再恢复抽血。

抽针芯时，针筒明显移动，不计点；针筒内负压过高或过低，均不计点。

图 27.15　见到跳血，停止进针。针筒内原有空气空间为 0.1 mL

图 27.16　保持针筒内空气空间不超过 0.2 mL

（12）拔针。采集 0.7 mL 血液后停止，拔针。

注意：成年小鼠采血顺利，至少可以采集 0.7 mL 血液。

采血达不到 0.7 mL，点数归零。

（13）收血。去除针头，将血样注入血样容器。

注意：去除针头，可以减少红细胞经过针头推入容器时的损坏。原针筒内的空气最后快速推出，可以将最后针筒内的残血推入容器。

未去除针头就将血液注入血样容器，不计点；针筒内空气推出缓慢，不计点。

（14）结束。将小鼠安乐死。

没有及时执行安乐死，不计点。

2. 左心室采血

（1）步骤同右心室采血（1）～（6）。

（2）定位。针头在左胸肋角纵线上，低于胸肋角 1 mm 水平进针刺入皮肤。

注意：小鼠心脏长轴三维走向为右前－左后。右心室中部在腹中线上，左心室中部在左胸肋角纵线上。右心室从右心弧面进针，左心室从左心尖进针。所以仰卧位时，左心室采血进针的水平位置低于右心室 1 mm。

进针点不对，不计点；没有沿着纵线进针，出现左右倾斜，不计点；没有水平进针，出现上下倾斜，不计点。

（3）架持。右手持注射器，将其架在左手拇指外缘上。调整针孔斜面和针筒刻度面向上，双手腕放在操作台面上得到支撑以求进一步稳定双手。

注意：有支撑是注射器稳定的重要方法。拇指垫要比右心室注射时低 1 mm。左手拇指外缘的高度和注射器针筒半径，应与左胸肋角肋骨内面水平。

注射前没有架针，或手腕悬空，不计点；针孔斜面没有向上，不计点。

（4）采血步骤同右心室采血（10）～（14）。

注意：左心室采血时跳血比右心室采血时更明显。

采血抽针芯速度原则同样根据针筒内 0.1 mL 负压匀速抽血，一般速度比右心室采血快。采血量也为 0.7 mL。

采血量不足 0.7 mL，点数归零。

3. 心室注射

心脏注射有两种：心肌注射和心腔注射。心腔注射为心室注射。不要做心耳注射，避免心脏穿孔无法封闭。这里介绍心室注射。

心室注射的注射器内只有药液，不容许有空气存在，只要把药液一次性吸入注射器即可，这一点不同于心脏采血。一般采取一次性完全注入心腔，所以不必刻意将针头斜面与针筒刻度对齐，这一点比心脏采血省事。

采用 29 G 针头，小针头对心脏损伤小。

左、右心室注射方法，从麻醉到看到跳血同心脏穿刺采血步骤。见到跳血后，立即将药液全部注入心脏，迅速拔针。

4. 操作要点小结

（1）全面的进针前准备。① 准备好注射器：针头斜面对齐针筒刻度；滑动针芯；预置空气；左手拇指做针头支架。② 准备好小鼠体位：拉直脊柱；调正躯体无左右倾斜；尾根固定；辨认剑突；压陷前腹。

（2）准确将针头刺入小鼠心室的要求。① 正确的进针点。② 水平进针。③ 进针左右无歪斜。

（3）采血技巧。① 见跳血再抽吸或注射。② 无跳血调整针头位置顺序：稍前进、左右摆动、稍后退。③ 抽血中途无血，解除顺序：压低针头、反向推注血液再回抽。

五、思考题

（1）小鼠心脏穿刺采血时，注射器内提高负压为何不能大于 0.2 mL 空气空间？

（2）小鼠开胸直视下心脏穿刺采血，为什么无法采集到大量血液？

六、拓展阅读

《Perry 小鼠实验标本采集》"第 47 章　心脏穿刺采血"。

第 28 章
眼眶静脉窦竭血

一、概述

小鼠采血方法（图 28.1）根据采血量有少量和大量之别。少量采血多见于用针刺浅表血管，血液随即流出。大量采血，需要从大血管或血窦采血，有定量采血和尽可能多地采血（竭血）之分。竭血属于终末采血，采血后动物即刻行安乐死。

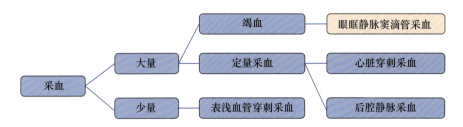

图 28.1 采血分类与举例。粉色框部分为本章涉及内容

体内血液输出量取决于出血时间和出血速率。出血时间为心脏有效泵血时间。出血速率主要取决于出血管径和血流速。血流速主要取决于血压和血液黏稠度。

小鼠眼眶静脉窦采血采用玻璃滴管刺入眼眶静脉窦将血液引流出来的方式，对心脏没有直接机械损伤，保持心脏有效泵血时间长。滴管内径较心脏穿刺针头大数倍，而且管腔内光滑，用肝素化的滴管直接插到静脉窦内，达到的最大采血量（竭血）是其他常用方法无法比拟的，而且滴管内壁对血细胞的损伤之微，也是注射针头难以达到的。

1. 常见操作误区

（1）"断颈可以采集最大量的血液。"实际上断颈会使心脏很快失去有效泵血能力，有效泵血时间短，大量血液会留在体内。

（2）"开胸心脏穿刺可以采集最大量的血液。"实际上开胸后心脏立刻失去有效泵血能力，从心脏里采集的主要是心腔内和临近大血管内的血液，比经皮心脏穿刺采集的血量还少。

（3）"小鼠眼眶采血来自眼眶静脉丛。"小鼠不存在眼眶静脉丛，错误的解剖认知，会直接误导操作设计。

2. 专业操作

小鼠浅麻醉，维持正常体温，维持眼眶静脉窦血压。用肝素滴管从眼眶静脉窦内引流血液。竭血后立即行安乐死。

二、解剖学基础

小鼠眼眶静脉窦位于眼眶中，呈不规则状在眼眶底环绕，外侧贴附眼眶内壁，内侧贴附哈氏腺（图 28.2，图 28.3）。因此引流管不限于从某一个特定角度进入。环眼 360° 均可刺入。具体决定刺入点的位置，取决于操作方便和引流血液效果。

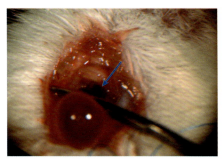

图 28.2 小鼠眼眶静脉窦解剖照。将眼球拨向一侧并脱出眼眶，可见眼眶静脉窦，如箭头所示

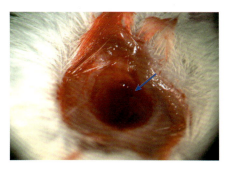

图 28.3 小鼠眼眶静脉窦解剖照。箭头示眼球和哈氏腺摘除后暴露的眼眶静脉窦

眼球后数支静脉进入眼眶静脉窦。血液经下睑静脉、上睑静脉和内眦静脉流出，汇入颈外静脉，再进入锁骨下静脉。因此，颈外静脉越过锁骨表面，按压颈外静脉锁骨部，可以有效阻止静脉血回流，提高眼眶静脉窦血压。

眼球后有锥形的眼肌杯，内有视神经和眼动静脉，与眼眶静脉窦不在同一间隔内。滴管不要刺入眼肌杯，否则会造成眼动静脉出血，眼肌杯内积血，使采血量减少。

小鼠的血液约为体重的 8%。对每只小鼠能够采集的血液要有大概评估。如果能够采集 80% 的血液，体重 20 g 的小鼠可以采集约 1.3 mL。

三、器械材料

玻璃滴管（图 28.4）：14.6 cm 长；前部外径 1 mm，长 46 mm；后部外径 8 mm，长 10 cm。以肝素液（浓度 6250 U/mL）流经内壁，干燥后备用。

图 28.4 玻璃滴管

四、操作

1. 操作步骤

（1）麻醉。小鼠常规注射浅麻醉，取俯卧位，维持体温。

注意：小鼠吸入麻醉不方便眼眶操作，故选择注射麻醉。注射麻醉的缺点是，对麻醉深度的掌握不如吸入麻醉容易。切记不可超过中度麻醉，麻醉过深，会导致小鼠血压下降，外周血流减少，不利于采血。浅麻醉，以操作中小鼠不动为度。麻醉维持时间不重要。因为采血开始后，快速大量失血，小鼠很快进入休克状态，失去痛苦感觉直到采血结束。

决定最大出血的主要因素是心脏的有效泵血时间，所以断颈、摘眼球、开胸心脏穿刺并不能达到最大量采血。若要最大量采血，还是首选眼眶静脉窦竭血方式。

小鼠过度麻醉，不计点。

（2）突眼。拉紧小鼠一侧面颊皮肤，使同侧眼球突出眼眶。

注意：小鼠眼球突出状态下，方便将滴管前端刺入结膜囊。

反复多次不能使小鼠眼球突出眼眶，不计点。

（3）刺入（图28.5）。保持眼球突出状态，将滴管前端小头经内眦偏下部位旋转刺入结膜囊，进而抵达眼眶壁。

注意：从小鼠内眦偏下部位刺入，方便刺入后安置滴管，放手让血液自行流出。滴管前端抵达眼眶内壁的感觉需要非常清晰，否则，过深会刺穿眼眶，过浅则不能进入静脉窦。

滴管刺入方向要偏外侧。如果指向眼球后极，会刺穿眼肌杯损伤视神经和眼动静脉，造成眼肌杯内积血，反而采不到大量的血液。

穿刺部位选择不当，不计点；将滴管反复刺入眼眶，不计点。

（4）采血（图28.6）。手指按压住颈外静脉锁骨部，轻度旋转滴管数次，后退少许，可见血液流入滴管。

注意：小鼠大量采血的基本原则是引流，而不是抽取。

选择滴管的目的是用其前端与眼眶壁摩擦，破坏静脉窦。由于滴管前端并非锋利断面，结膜囊和静脉窦壁以及贯穿通道上的所有软组织的弹性阻拦，使得滴管前端抵达眼眶内壁时，滴管一般尚未进入静脉窦。摩擦后静脉窦壁被破坏，但是滴管前端顶在静脉窦与眼眶之间，只有稍微回撤，方可退入静脉窦内。此时才可见到血液自滴管前端流进管内的正常表现。

按压颈外静脉锁骨部，阻止静脉血回流入心，可使眼眶静脉窦短时间充盈。

滴管旋转摩擦时，尚未后撤即有血液从滴管外流出眼眶，意味着眼球后出现大量积血和出血，不计点；滴管插入眼球后 30 s 仍未引流出血液，不计点。

图 28.5　滴管刺入眼眶静脉窦的位置和角度　　　图 28.6　血液开始流入滴管，可见没有血液从滴管外流出

（5）安置滴管，使远端略低。

注意：滴管远端比近端略低即可。倾斜角过大，在血流不足时容易出现管内进气；没有倾斜角，血液流出速度受限。调整好倾斜角后，用胶带固定滴管，其远端可以不接血液容器。如果管内血液过多，容易流出，可以更换新管。

新管寻原位置插入静脉窦，无须抵达眼眶，至中途见顺畅出血即可。

小鼠滴管安置角度不佳，不计点；滴管安置不稳，或固定时有移动，导致血液引流故障，不计点。

（6）当血液流入滴管速度明显缓慢时，按压同侧颈外静脉锁骨部，可见血流速度明显增加（图 28.7）。

注意：精准地压住颈外静脉锁骨部，要明确感觉到指下的锁骨，确认颈外静脉已被压扁在锁骨上。

没有及时采取压迫颈外静脉措施，不计点；按压时破坏了滴管的稳定，导致采血障碍，不计点。

（7）数分钟后，没有更多血液流出，小鼠处于濒死状态，即停止操作。将滴管内血液收集入专门容器。将濒死小鼠安乐死。

注意：可以随时更换滴管（图 28.8）。

没有更多血液流出时，无须再从另一只眼眶静脉窦采血。无须为采集多一点微量血液延长小鼠的濒死时间。及时终止采血，迅速将休克中的小鼠安乐死。

小鼠未能及时安乐死，不计点；尚有血液明显地持续流出就停止采血，不计点；采集的血液不足体重的 5%，整个操作点数归零。

图 28.7　手指按压颈外静脉锁骨部，血液会加速流出

图 28.8　更换 3 根滴管，显示一只小鼠的总采血量

2. 操作要点小结

（1）竭血原则：尽量阻止眼眶静脉窦血压下降；尽力降低输出管道阻力；尽量延长心脏正常泵血时间。

（2）滴管摩擦眼眶壁后要将远端后撤入静脉窦内，不可一直顶住眼眶壁。

（3）滴管安置时要小角度，固定安稳。

（4）及时按压颈外静脉锁骨部以提高眼眶静脉窦内压。

五、思考题

（1）滴管摩擦眼眶壁破坏了哪几层组织结构？

（2）滴管摩擦后为何要后撤？

（3）小鼠为何不能深度麻醉？

六、拓展阅读

《Perry 小鼠实验标本采集》"第 39 章　玻璃吸管眼眶静脉窦采血"。

剖检操作

第三篇

第 29 章 皮肤剥离

一、概述

小鼠皮肤剥离为新鲜尸体标本采集开始步骤。由于皮肤内面无菌无毛，翻转剥皮可以快速暴露躯干。前面剥到耳根位置时，需要剪断耳软骨。如果需要采集的标本不包括头部，快速剥皮到颈部即可。

1. 常见操作误区

"小鼠体腔内标本采集、尸检等，需要胸腹部备皮后切开皮肤。"这种单纯模仿外科手术的方法费时费力，不如剥皮快捷干净。

2. 专业操作

小鼠背部或腹部垂直纵轴剪一小口，向头尾两端强力牵拉，即可轻松翻转剥脱皮肤，前至颅顶和肘部，后至尾根和踝部。

二、解剖学基础

小鼠躯干部皮纹垂直背中线和腹中线，呈完整环形分布。背部皮纹凹沟（图 29.1）深入表皮，接近真皮层。小鼠皮肤最坚韧的是表皮层。表皮层的皮纹凹沟是最薄弱的区域。

小鼠虽为松皮动物，但并非全身都是松皮。在头面部、四肢和尾远端没有松皮。

雌鼠尿道口、阴道口和肛门黏膜分别移行为皮肤。如果需要采集膀胱、直肠、结肠、阴道、子宫、输卵管和卵巢，可以

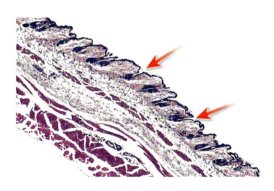

图 29.1 小鼠背部皮肤病理切片（H-E 染色）。箭头示皮纹凹沟

在剥皮时将这些器官随皮肤从盆口拖出来。如果要避免撕皮时脱出肠管和子宫，需要事先剪除肛门、尿道口和阴道周边皮肤。

雄鼠肛门和阴茎头近端移行为皮肤。由于仅有这两处移行皮肤，不足以将直肠和结肠拉出盆口。强行向后剥皮时，移行皮肤会被撕断。为了撕皮更快捷，在撕皮前常规剪除雄鼠肛门。

三、器械材料

剪子。

四、操作

1. 操作步骤

（1）浸水。新鲜小鼠尸体浸水，除水滴。

注意：全尸体浸水，打湿体毛，可避免撕皮时体毛飞扬。从水中提出，用纸巾吸除多余的水滴，可避免水渍污染。

忽略浸水，不计点；水渍污染，不计点。

（2）剪阴。雄鼠剪除肛门（图29.2）；雌鼠剪除肛门、阴道口和尿道口。

注意：雌鼠子宫和肠管的采集有两种方式。若有开腹，首选腹腔内采集，这时需先剪除盆底皮肤再撕皮，以免在剥皮时将肠管和内生殖器随皮拉出；若单独采集生殖器官标本，则在剥皮时保留外阴、肛门和尿道口周边皮肤，以撕皮牵拉的方法采集。因第三篇涉及多器官采集，故本操作介绍前一种方式。

需要剪除外阴区域的没有剪，不计点。

（3）剪皮（图29.3）。小鼠取俯卧位，垂直背中线横剪一个约1 cm的皮肤切口。

图29.2 雄鼠剪肛门

图29.3 垂直背中线剪开皮肤

注意：剪口必须与背中线垂直，否则皮肤撕裂口无法在腹侧汇合，前后皮肤不能断开。也可以垂直腹中线剪皮，方法同背中线剪皮。

剪皮没有垂直背中线或腹中线，不计点。

（4）撕皮。双手食指和拇指分别捏住皮肤切口两侧（29.4），同时向头尾两端撕开皮肤（图 29.5，图 29.6）。

注意：手指捏紧剪开的皮缘，以防撕皮时脱手。皮肤被翻起向两端撕开。如果实验仅需要一端暴露，也可以仅撕向头端或尾端。

撕皮时皮缘滑脱，不计点。

（5）环断。皮肤成环形在腹侧断开。

注意：准确的剪切皮肤角度，才能使皮肤撕裂口左右在腹部对接，发出一声轻响。否则形成徒手难以撕断的背带样皮条。准确的腹中线剪皮，皮裂同样在背部断开。

未能一次性在腹部或背部完成断皮，不计点。

（6）撕断（图 29.7）。继续向头尾两侧撕开皮肤，头侧到双耳，可以剪断耳根环形软骨。进而剪断结膜囊，直至口唇。前肢到腕部，直接撕断皮肤。尾侧到第 3 尾椎，后肢到踝部，直接撕断皮肤。

注意：腕、踝、尾部的皮肤都可以用手直接顺势撕断。如果皮肤在肢端没有被撕断，可以用剪子剪断。

耳部没有准确在耳根环形软骨处剪断，不计点；眼部剪断结膜囊后损伤眼睑，不计点。

图 29.4　双手捏住皮肤切口两侧

图 29.5　向头尾两端撕开皮肤

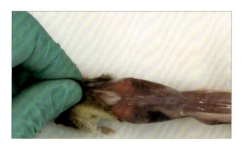

图 29.6　继续撕皮，暴露大部分躯干

图 29.7　前撕到头部，后面撕断于尾和踝部

2. 操作要点小结

（1）操作第一步必须尸体浸水。

（2）剪皮必须垂直背中线或腹中线。

五、思考题

（1）垂直背中线剪皮的解剖学基础是什么？

（2）小鼠躯干部皮肤与人皮肤的解剖结构有哪些不同？

六、拓展阅读

《Perry 小鼠实验手术操作》"第 21 章　剥皮"。

第 30 章 脊柱剥离

一、概述

脊柱剥离是为了从背侧暴露腹腔和胸腔后壁，以便于直视背侧操作。这比用手术刀切除脊柱要快捷得多，适用于小鼠这类小体形动物的剖检。

脊柱剥离通过撕尾的方法进行。可以完整剥离，快速将整个脊柱从躯干撕脱下来；也可以根据实验需要部分剥离，随时在某个部位停止。例如，采集坐骨淋巴结，撕尾到骶椎，就可以看到此淋巴结脱出；在解剖雄鼠骨盆口的复杂结构时，撕尾可以从背侧更清楚暴露尿道近端的精囊管、凝固腺管、前列腺、输精管末端等十余项管道接口；撕尾到胸椎，可以看到没有心脏遮蔽的肺脏背面和完整的食管。

由于脊柱有肋骨相连，所以撕尾到胸腹交界处，必须先剪断横膈和所有肋骨。

1. 常见操作误区

"分离组织器官只能用手术器械。"其实小鼠体形小，组织器官连接脆弱。特定部位，例如，皮肤和脊柱，可以用手撕开。

2. 专业操作

小鼠尸体剥皮后，向前强力牵拉鼠尾，将体腔与脊柱钝性分离，暴露背部腹壁。剪断肋骨和横膈后，可以暴露背部胸壁。

二、解剖学基础

小鼠胸椎腹面是胸腔，腰椎和骶椎腹面是腹腔。脊椎为韧带和肌肉包裹，形成脊柱。剥离脊柱后可以从背面暴露背侧胸壁和腹壁（图 30.1）。由于小鼠体形小，组织器官连接脆弱，脊柱可以与腰骶部躯干轻松撕离（图 30.2，图 30.3）。

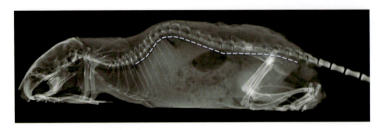

图 30.1 小鼠 X 线影像。虚线示脊柱剥离线

图 30.2 小鼠腰部横截面解剖照。绿箭头示腰椎；红箭头示左肾；黄箭头示脾脏；黑箭头示肠道；蓝虚线示脊柱剥离线

图 30.3 小鼠骶部横截面解剖照。绿箭头示骶椎；蓝箭头示后肢；黑箭头示肠道；蓝虚线示脊柱剥离线

三、器械材料

直剪，皮肤镊。

四、操作

1. 操作步骤

（1）剥皮。剥皮向前至颈椎，向后至第 3 尾椎和双踝。具体操作请参阅"第 29 章 皮肤剥离"。

注意：在双踝和尾部，强力撕断皮肤。雌鼠剪除盆底区域皮肤。

双踝部皮肤被剥除，不计点。

（2）持鼠（图 30.4）。将剥皮的新鲜小鼠尸体俯卧，左手捏紧尾巴中部，右手食指居中，将小鼠左爪以拇指压在食指上，将右爪以中指压在食指上。确保右手捏紧双爪。

注意：双爪保留皮肤，易于抓牢。没有皮肤的部位较滑。小鼠没有捏牢，容易发生撕尾滑手。

右手拿捏后爪不牢固，不计点。

（3）撕尾（图30.5）。右手保持捏紧后爪，左手拉尾方向前上，使脊柱与腹腔分离。

注意：左手方向为斜上30°。角度过小，会折断脊柱；角度过大，撕尾费力。

撕尾角度不对，不计点。

图30.4 右手固定后爪，准备撕尾

图30.5 撕开腰骶椎，背侧腹腔暴露

（4）断膈（图30.6）。牵拉脊柱与体腔分离到达横膈暂停，右手放开小鼠后爪，改用剪子剪断横膈与脊柱的连接。

注意：剪断横膈时，勿伤主动脉和腔静脉，避免大出血。

出现大量出血，不计点。

（5）断肋（图30.7）。分别沿左右腋中线，于肋骨后缘处向前剪断所有肋骨。

注意：肋骨剪口未在腋中线，偏向脊柱，会导致脊柱剥离后背部胸腔暴露不充分。

肋骨未全部剪断，不计点；没有沿腋中线剪断，不计点。

图30.6 剪断膈肌

图30.7 剪断肋骨

（6）完成。右手重新捏紧小鼠后爪，左手持鼠尾继续向头侧牵拉，从背侧完全暴露胸腔（图30.8）。

注意：从胸椎到尾椎的脊柱连同背侧肋骨被完全翻起，方可观察到食管和全部肺脏的背面，此时没有心脏的遮蔽。

2. 操作要点小结

（1）凡左手撕尾，右手必须同时捏紧小鼠后爪做对抗撕裂。左手为动态手，右手为固定手。

（2）撕尾角度必须适宜，避免断脊柱。

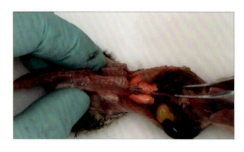

图 30.8　撕开胸椎后，完全暴露背侧胸腔

五、思考题

（1）脊柱剥离操作的直接目的是什么？

（2）脊柱剥离操作可以方便哪些器官的暴露？

六、拓展阅读

《Perry 小鼠实验手术操作》"第 22 章　撕尾"。

第31章
皮下标本采集

一、概述

小鼠尸体标本系统采集有一整套采集程序（图31.1）。小鼠是松皮动物，皮下有多种腺体和淋巴结。做深部组织器官采集，开胸、开腹前需行专业的剥皮，此时是采集皮下标本的最好时机。

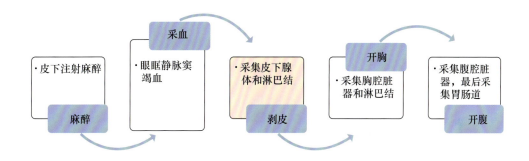

图31.1 小鼠尸体标本采集顺序

1. 常见操作误区

"简单模仿临床手法，备皮后开腹开胸采集标本。"这是一种费时费力的方法。小鼠是松皮动物，应采用专业的剥皮方法，快捷干净。

2. 专业操作

先竭血，再安乐死。尽快开始采集标本。尸体先浸水、再剥皮。

二、解剖学基础

小鼠全身基本为体毛覆盖，故尸体剖检与其做皮肤切开，不如行剥皮快捷。

除了面部、四肢远端和尾部，小鼠全身基本为松皮覆盖。浅筋膜游离度高，缺乏细小血管，且皮下分布着多种腺体和淋巴结，如腮腺、耳前腺、泪腺、颌下腺、舌下腺、甲状腺、甲状旁腺、乳腺、包皮腺，还有冬眠腺和多处皮下淋巴结。其分布如图31.2所示。

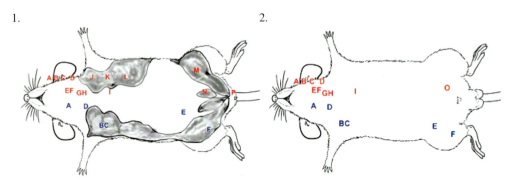

图31.2　小鼠皮下标本位置示意。左为雌鼠；右为雄鼠。灰色部分示乳腺分布区域；红字母示皮下腺体位置；蓝字母示皮下淋巴结位置。红字母：A.眶内泪腺；B.眶外泪腺；C.腮腺；D.耳前腺；E.颌下腺；F.舌下腺；G.甲状腺；H.甲状旁腺（颈部深层）；I.冬眠腺；J.第1乳腺；K.第2乳腺；L.第3乳腺；M.第4乳腺；N.第5乳腺；O.雄鼠包皮腺；P.雌鼠包皮腺（阴核腺）。蓝字母：A.颌下淋巴结；B.腋窝淋巴结和副腋窝淋巴结；C.前肢淋巴结；D.颈部淋巴结；E.腹股沟淋巴结；F.腘窝淋巴结

三、器械材料

剪子，皮肤镊，弯镊，尖镊，平镊，肝素玻璃滴管，注射麻醉药，小动物脏器收集盘。

四、操作

（一）操作步骤

1. 预备工作

（1）皮下注射麻醉（具体操作请参阅"第8章　后路皮下注射"）。

注意：采用吸入麻醉，不便于眼眶静脉窦采血；腹腔注射麻醉，容易损伤腹腔脏器；故选择皮下注射麻醉。前路皮下注射有伤及冬眠腺的危险，故采用后路皮下注射。

（2）眼眶静脉窦滴管竭血（具体操作请参阅"第28章　眼眶静脉窦竭血"和《Perry小鼠实验标本采集》"第39章　玻璃吸管眼眶静脉窦采血"），采血后立即行安乐死。

注意：眼眶静脉窦采血是最大量的活体采血方法，尽可能多地采集血液称为"竭血"。尽可能将体内血液导出。大量采血后，小鼠已经濒临死亡，立即行安乐死，并马上开始剖检。其理由如下。① 动物濒临死亡时行安乐死，符合实验动物伦理要求；② 竭血后解剖操作不会出现大量出血和血凝块；③ 马上剖检可以保持组织新鲜。

（3）皮肤剥离（具体操作请参阅"第29章 皮肤剥离"和《Perry小鼠实验手术操作》"第21章 剥皮"）。剪除肛门、阴道口和尿道口皮肤，同时向前剥到面部和肘部，向后剥到尾部和踝部（图31.3）。

注意：简单模仿大动物或临床手术方式、备皮、消毒皮肤、开腹和开胸，对于

图31.3 小鼠向头尾两端剥皮

小鼠来说，皆为非专业方法。小鼠是松皮动物，皮肤很容易瞬间撕脱，迅速、干净，无须备皮和消毒皮肤。

2. 前向剥皮采集皮下标本

（1）胸部乳腺。雌鼠取仰卧位，在被翻起的皮肤内面找到第1、2、3对乳腺的腹面端（图31.4）。将弯镊分开两支，用其弧面在乳腺两侧下压至皮肌水平面，从乳腺下方夹紧乳腺和皮肌之间的浅筋膜后向上托起，撕下乳腺。旋转体位至俯卧，继续撕下乳腺至背面端。

注意：剥皮后不要到胸壁去寻找乳腺，乳腺贴附在翻起的皮肤内面。采集的乳腺不必分离第1、2、3组。此时采集的"乳腺"实际上是乳腺和其深面的脂肪垫，不必分离乳腺和脂肪垫。

图31.4 小鼠皮肤内面照。显示雌鼠非哺乳期的乳腺位置。5对乳腺见数字标记。方位：左为头侧，右为尾侧

皮肤翻起后，大块的乳腺脂肪垫比乳头更明显，可以作为定位标志。内面的乳头可以用于区别各组乳腺（图31.5）。

6块乳腺，缺一不计点。

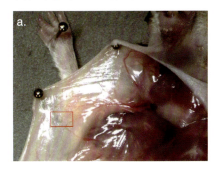
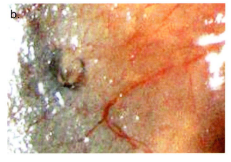

图31.5 雌鼠右侧第3乳腺皮内面观。a. 红框区示第3乳头部位；b. 第3乳头局部放大照。左侧蓝色部分为皮肤，右侧黄色部分为乳腺和乳腺脂肪垫，交界处为乳头

（2）冬眠腺（图 31.6）。取俯卧位，将弯镊分开两支，用弧面在冬眠腺两侧下压至背部肌肉水平面，从冬眠腺下方夹紧筋膜组织后向上托起，撕下冬眠腺，置于标本盘中。

注意：小鼠冬眠腺并不是腺体，实为体内最大的棕色脂肪，大小不恒定，位于肩胛骨部的浅筋膜中。其表面覆盖白色脂肪，白色脂肪和棕色脂肪间没有明显的分界限，故一起摘下，无须当即分离白色脂肪。

采集的冬眠腺破碎，不计点。

（3）腋窝、前肢淋巴结。皮肤向前翻至肘部，完全暴露腋窝，可以发现3个淋巴结：腋窝淋巴结、副腋窝淋巴结和前肢淋巴结（图 31.7）。前2个淋巴结靠得很近，可以用镊子简单托底夹出。

注意：这3个淋巴结非常接近，靠近腋窝的为腋窝淋巴结和副腋窝淋巴结。如果还难以区分，为了确认可以做前爪淋巴管灌注，阳性者为前肢淋巴结。请参阅《Perry小鼠实验标本采集》"第35章 淋巴结采集"。

左、右各3个淋巴结，缺一不计点。

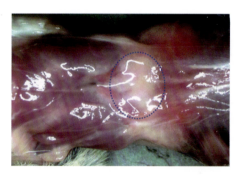
图 31.6 小鼠俯卧位，皮向前剥，暴露覆盖冬眠腺的白色脂肪垫（圈示）。左为头侧，右为尾侧

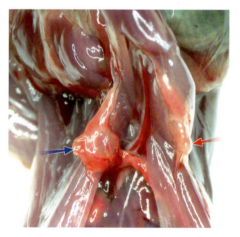
图 31.7 向前剥皮，暴露腋窝淋巴结（蓝箭头所示）和前肢淋巴结（红箭头所示）

（4）颈部淋巴结。颈部淋巴结左、右各一组，包括下颌淋巴结、副下颌淋巴结和颈浅淋巴结，数量不等。部分淋巴结位于脂肪表面，有的藏于脂肪中（图 31.8）。两侧至少要找到8个淋巴结，将无皮尸体仰卧固定于皿碟中，在下颌部两侧脂肪中，尽数摘取颈部淋巴结。

注意：没有撕开颈部脂肪，会丢失部分淋巴结。

每侧采集不足4个淋巴结，不计点。

（5）腮腺、腮腺淋巴结。腮腺和其后方的腮腺淋巴结位于眶外泪腺后方（图31.9）。用弯镊弧面从腮腺下方托起，置于标本盘中。

注意：腮腺位于眶外泪腺后方1 mm处，更容易贴附皮肤内面。由于血管较眶外泪腺丰富，颜色较红（图31.9）。在撕皮后，如果这两个腺体都贴附到皮肤上，难以通过位置辨别时，可以参考颜色的不同。腮腺淋巴结紧跟在腮腺后面，撕皮时容易丢失。

忽略了采集腮腺和腮腺淋巴结，不计点。

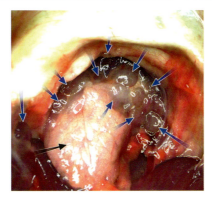

图31.8 小鼠向前剥皮至颈部，暴露颈侧淋巴结群（蓝箭头所示）。黑箭头示颌下腺

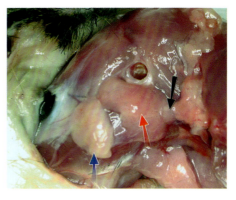

图31.9 小鼠面部去皮解剖照。蓝箭头示眶外泪腺；红箭头示腮腺；黑箭头示腮腺淋巴结

（6）耳前腺。用尖镊在外耳道前沿的耳前凹中稍作分离，即可充分暴露耳前腺（图31.10）。夹出耳前腺，置于标本盘中。

注意：耳前腺蜗居于耳前腺凹中，犹如豆粒，细看呈分叶状。白色小鼠的耳前腺为白色，深色小鼠的耳前腺有色素斑点，甚至呈全黑色。

剥皮时耳前腺偶然会贴附在皮肤上，被从耳前腺凹中剥离出来。若在耳窝里没有发现耳前腺，可以到皮肤内面寻找。

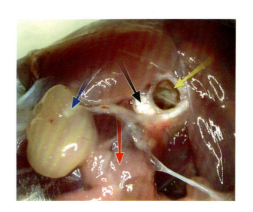

图31.10 小鼠面部去皮解剖照。蓝箭头示眶外泪腺；红箭头示腮腺，黑箭头示耳前腺；黄箭头示外耳道

忘记采集或丢失耳前腺，不计点。

（7）眶外泪腺。向前剥皮到面部，采集在眼眶后缘的眶外泪腺（图31.9）。用弯镊弧面从眶外泪腺下方托起，置于标本盘中。

注意：眶外泪腺位于眼外眦后约1 mm处的浅筋膜中，剥皮后保存在颞肌表面。

偶有眶外泪腺贴附在皮肤内面，剥皮时被从颞肌表面剥离。

未能采集到眶外泪腺，不计点。

（8）眶内泪腺。眶内泪腺位于眼眶内外眦位，分为上、下两叶。剥皮后透过肌性眼眶边缘，可见部分眶内泪腺（图31.11），需要分离眶缘方可暴露。用镊子轻夹出即可。

注意：需区分眶内泪腺和哈氏腺。眶内泪腺小而薄，色白；哈氏腺大，呈粉色，表面可见黑色斑点。

眶内泪腺标本破损，不计点。

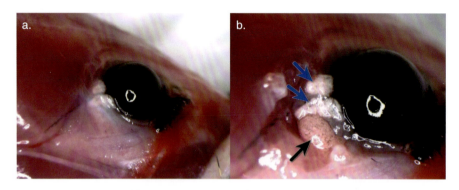

图 31.11　小鼠眶内泪腺解剖照。a. 去除皮肤后，透过眼眶观察眶内泪腺；b. 分离眼眶，暴露眶内泪腺。蓝箭头示眶内泪腺；黑箭头示哈氏腺

3. 后向剥皮采集皮下标本

（1）腹部乳腺。腹部乳腺为第4对和第5对（图31.4）。雌鼠向后撕皮到大腿和尾根部，仰卧位可见第4对和第5对乳腺及其表面的脂肪垫随翻起的皮肤脱离腹壁（图31.12）。用弯镊紧贴皮肌，在其与皮肌之间夹紧浅筋膜，将乳腺和脂肪与皮肌撕脱，置于标本盘中。

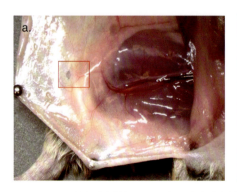 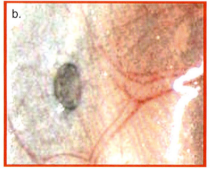

图 31.12　雌鼠右侧第4、5对乳腺皮内侧解剖照。a. 红框示第4乳头；b. 第4乳头局部放大图。环形为第4乳头。其左侧为皮肤内面，右侧为乳腺和乳腺脂肪垫。可见乳头位于乳腺内缘

注意：第 4 对和第 5 对乳头均位于乳腺内缘（图 31.12）。在皮肤内面可以清楚地以此划分乳腺的边缘。乳腺的深面是脂肪垫。如果没有剔除脂肪的要求，可以将乳腺和脂肪垫一起采集，无须分离，一般不影响病理片的制作。

忽略腹部乳腺采集，不计点。

（2）雄鼠包皮腺。向后剥皮时，在后腹壁表面可以发现包皮腺，左、右各一，内侧相接，呈饼状平贴在后腹壁脂肪垫表面（图 31.13）。背面可见血管走行于腺体表面（图 31.14）。无须剪切，用平镊夹持包皮腺管可以轻易摘除。

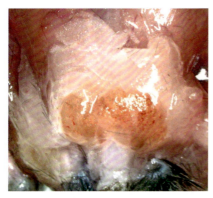 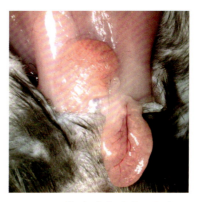

图 31.13　雄鼠包皮腺去除皮肤解剖照　　图 31.14　包皮腺左叶向下翻起，显示血管分布

注意：包皮腺位于浅筋膜中，如果撕皮后在腹壁找不到，要检查皮肤内面，有时会贴附在皮肤内面上（图 31.15）。

忽略包皮腺采集，不计点。

（3）雌鼠包皮腺。剥皮向后到阴道口，皮肤翻转，寻到包皮腺（阴核腺，图 31.16），左、右各一。此腺体积小且有结缔组织包裹，容易被忽略，可以用镊子直接摘除。

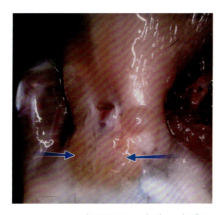 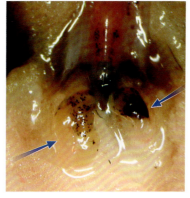

图 31.15　剥皮时雄鼠包皮腺随皮肤翻转，如箭头所示　　图 31.16　雌鼠向后剥皮，可见随皮翻转的包皮腺。有色小鼠表面有明显的色素斑点，如箭头所示

注意：雌鼠包皮腺很小，当剥皮时，皮肤翻转后，常常贴附在尿道口的皮肤上。有色小鼠包皮腺有色素沉着，可以根据色素寻找包皮腺。

没有找到包皮腺，或忽略摘除，不计点。

（4）腹股沟淋巴结。腹股沟脂肪垫左、右各一，向前延伸，与腋窝脂肪垫相连，形成哑铃形，前端在腋下，后端在腹股沟。撕开腹股沟的大脂肪垫，找到腹股沟淋巴结（图31.17，图31.18），用镊子即可采摘。

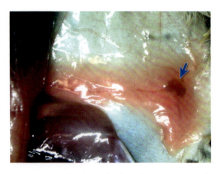 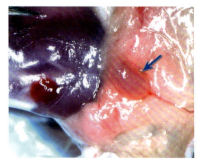

图 31.17　将小鼠皮肤翻起，可见左腹股沟淋巴结隐藏于腹股沟脂肪垫内　　图 31.18　分离脂肪，暴露腹股沟淋巴结

注意：腹股沟淋巴结藏在脂肪垫中，容易被忽略。

忽略了腹股沟淋巴结，不计点。

（5）腘窝淋巴结。皮向后剥到小腿，暴露膝部，在腘窝中分解外侧的股二头肌远端和内侧肌群之间的筋膜和脂肪，可以找到腘窝淋巴结（图31.19）。用尖镊即可摘取。

注意：分开腘窝筋膜和脂肪，方可暴露腘窝淋巴结。

忽略了腘窝淋巴结，不计点。

（二）操作要点小结

（1）小鼠尸体标本采集前先竭血，然后剥皮。

（2）标本采集顺序要事先按照实验目的制定。

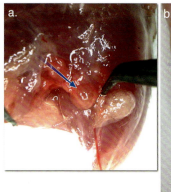 

图 31.19　小鼠腘窝淋巴结。a. 剥皮后，分离筋膜和脂肪，暴露淋巴结，如箭头所示；b. 彩色乳胶灌注显示小腿淋巴管和腘窝淋巴结，如箭头所示

五、思考题

（1）竭血的最佳方案是什么？为什么？

（2）为什么尸体标本采集不需要备皮剃毛？

六、拓展阅读

《Perry 小鼠实验标本采集》"第 3 章　剥皮撕尾"；《Perry 小鼠实验标本采集》"第 39 章　玻璃吸管眼眶静脉窦采血"；《Perry 小鼠实验手术操作》"第 21 章　剥皮"。

第32章
深层标本采集

一、概述

标本采集是小鼠实验常见操作。除了少量活检之外,大部分是做尸体剖检。绝大多数尸体标本要求组织新鲜、标本完整、没有污染。

本书尸体标本采集分为单独器官采集、皮下标本采集和深层标本采集三大类。本章以采集病理标本为目的,以避免血液、尿液和粪便干扰和沾染为原则,设计采集操作程序。

本章选择常用的小鼠器官标本,按照剖检顺序依次介绍。小鼠深层剖检器官如图32.1所示。其中涉及的竭血和皮肤剥离等操作,另章介绍。总体操作程序如图32.2所示。

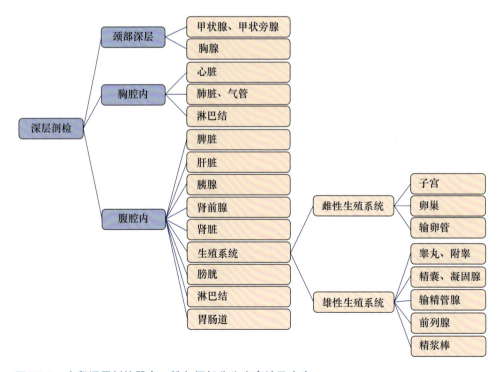

图 32.1 小鼠深层剖检器官。粉色框部分为本章涉及内容

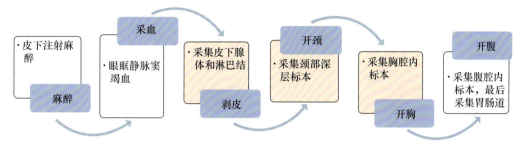

图 32.2　小鼠尸体标本采集顺序。粉色框部分为本章涉及内容

1. 常见操作误区

（1）"模仿临床手法，备皮、皮肤消毒后开腹、开胸采集标本。"对于小鼠这样的小体形松皮动物，无须如此费时费力，采用剥皮的方法，快捷干净。

（2）"未竭血安乐死。"如此操作，在剖检时会发生血液污染。

（3）"开腹后，从浅向深采集标本，先采集胃肠道，方便后面采集肾脏等深部器官。"大多数情况下，需要顾及胃肠道内容物污染，应该在最后采集胃肠道。

2. 专业操作

（1）先竭血，再安乐死，尽快开始采集标本。

（2）尸体先浸水、剥皮，避免体毛污染。

（3）胃肠道最后采集，避免胃肠道内容物污染。

二、解剖学基础

深层标本采集的范围包括颈部深层、胸腔内和腹腔内器官。

三、器械材料

剪子，皮肤镊，尖镊，平齿镊，血管钳，棉纱，棉棒，肝素玻璃滴管，注射用麻醉药，小动物脏器收集盘（图 32.3）。

注意：此收集盘方便收纳组织标本，并不需要按照盘上标记逐一采集标本。如果病理标本需要及时固定，无须用此盘。

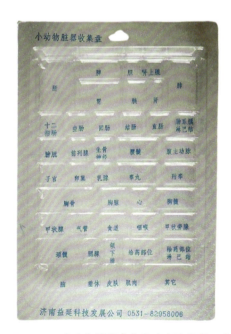

图 32.3　小动物脏器收集盘（李晓峰供图）

四、操作

（一）操作步骤

1. 深层标本采集前准备

（1）皮下注射麻醉（具体操作请参阅"第8章　后路皮下注射"）。

注意：采用吸入麻醉，对于眼眶静脉窦采血不方便；采用腹腔注射麻醉，容易损伤腹腔脏器；故选择皮下注射麻醉。前路皮下注射有伤及冬眠腺的危险，故采用后路皮下注射。

（2）眼眶静脉窦采血（具体操作请参阅"第28章　眼眶静脉窦竭血"），采血后立即安乐死。

注意：眼眶静脉窦采血是最大量的活体采血方法，故称为"竭血"。尽可能将体内血液导出，可以减小解剖时血液的干扰。大量采血后，小鼠已经濒临死亡。立即安乐死，方可开始解剖。

（3）皮肤剥离（具体操作请参阅"第29章　皮肤剥离"）。

注意：雌鼠的肛门、尿道口和阴道口在剥皮前剪除，以免剥皮时直肠、结肠、阴道、子宫、卵巢和膀胱随皮肤一同被拉出骨盆口。

2. 颈部深层器官采集：甲状腺、甲状旁腺

小鼠甲状腺和甲状旁腺解剖请参阅《Perry小鼠实验标本采集》"第7章　甲状腺和甲状旁腺采集"。

小鼠竭血、尸体剥皮后取仰卧位，向内拉开胸骨舌骨肌，向外拉开肩胛舌骨肌，充分暴露、确认甲状腺和甲状旁腺（图32.4）。从舌骨处剪断胸骨舌骨肌、甲状舌骨肌和肩胛舌骨肌，并将这些肌肉向后翻转，充分暴露气管及其两侧的甲状腺和甲状旁腺。用镊子将甲状腺和甲状旁腺一起摘取。

注意：多数情况甲状旁腺附着在甲状腺外前角（图32.5），有时稍微离开甲状腺，直接附着在气管上（图32.6）。避免遗漏甲状旁腺。

活体采集甲状腺和甲状旁腺时，在牵拉肌肉、暴露甲状腺状态下采集，无须剪断肌肉。尸体剖检时，剪断肌肉更快捷。

遗漏任何一块甲状腺或甲状旁腺，均不计点。

3. 胸腔内组织器官采集

（1）开胸（图32.7）。小鼠取仰卧位，沿肋缘剪开腹壁。从左腋中线开始，沿肋缘剪开腹面膈肌，到右腋中线终止。沿腋中线从肋缘向前剪断两侧全部肋骨，用血管钳夹住剑突，向上提起，用镊子撕断心包膜。血管钳向前翻起胸廓180°，从腹面完全暴露胸腔。

图 32.4　暴露甲状腺

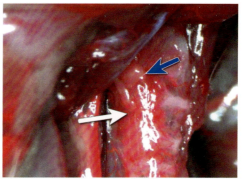

图 32.5　甲状旁腺附着于甲状腺上。蓝箭头示甲状旁腺；白箭头示甲状腺

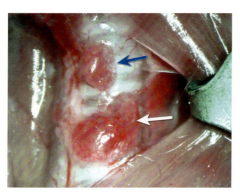

图 32.6　甲状腺与甲状旁腺分开贴附于气管上。蓝箭头示甲状旁腺；白箭头示甲状腺

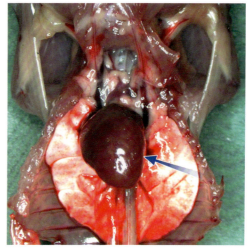

图 32.7　暴露胸腔，箭头示心脏（胸腺已切除）

（2）胸腺（图 32.8，图 32.9）。胸腺位于胸腔前端，贴附胸壁。左、右各一叶，内侧少许交叠。覆盖主动脉弓。详细解剖请参阅《Perry 小鼠实验标本采集》"第 9 章　胸腺采集"。

注意：胸腺右叶内缘压迫左叶内缘，分离胸腺时，先将右叶向右翻。

胸腺破损，不计点。

（3）心脏。用镊子夹住心包膜向后翻起，从镊子背侧撕开心包膜直达背部胸壁。右手持镊子轻向后压心脏，暴露主动脉弓和肺动静脉，左手持镊子夹住主动脉和肺动脉向上提起，向后翻转（图 32.10），右手换剪子剪断主动脉、肺动脉和腔静脉（图 32.11），置心脏于标本盘中。

注意：需要准备棉纱清理出血。虽然生前血竭，体内存血已经不多，但是这一步骤，还会有少量残血流出。

胸腔暴露不充分，不计点。

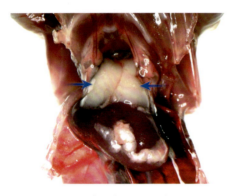 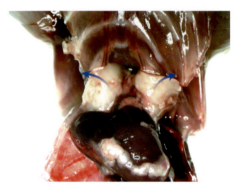

图 32.8　小鼠胸腺解剖照。箭头示左、右胸腺　　　图 32.9　小鼠胸腺向外翻起，暴露其深面的主动脉弓

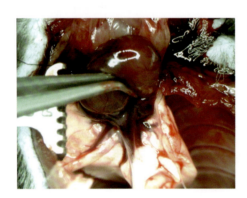 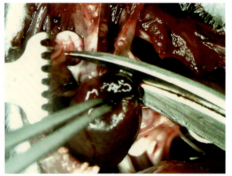

图 32.10　左手持镊子向上翻起心脏　　　图 32.11　右手持剪子剪断主动脉和肺动脉

（4）气管淋巴结。在气管侧面，可见气管淋巴结（图 32.12）。镊子分离并摘取之。

注意：气管淋巴结需要仔细辨认，在暴露过程中，勿伤及肺脏。

忽略或找不到气管淋巴结，不计点。

（5）肺脏。心脏摘除后暴露双侧肺脏。用镊子夹住气管，在镊子前面剪断气管。镊子保持夹持气管上提肺脏，用剪子将背侧的纵隔结缔组织完全剪断（图 32.13），将气管和全肺游离，并拉出胸腔置于标本盘中。

注意：① 分离气管背侧时，不要用镊子分离或撕开，直接用剪子干净利索地剪断连接纵隔的结缔组织，快捷又便利。② 不能一剪完成，必须渐进式地从前向后一剪一剪地剪断，最终将肺脏全部游离下来。

肺脏标本有损伤，不计点。

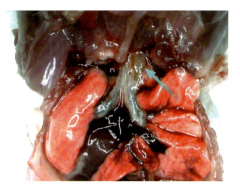

图 32.12　气管淋巴结，如箭头所示

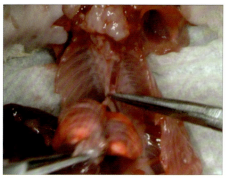

图 32.13　剪断背侧胸膜和结缔组织，游离肺脏

（6）纵隔淋巴结。肺脏摘除后，在纵隔上更容易发现纵隔淋巴结，呈椭圆形（图32.14），可用镊子简单摘取。

有的纵隔淋巴结的位置比较隐蔽，在心肺摘除后采集比较方便。由于位置有变异，在心肺摘除前发现，可以立即采集。

未能找到纵隔淋巴结，不计点。

4. 腹腔内组织器官采集

（1）开腹。小鼠仰卧于皿碟中，沿腹中线划开腹腔，在肋下和髂骨前沿两个水平位置横向剪开到腋中线，形成"工"字形切口（图32.15，图32.16），向左、右翻开"两扇门"，充分暴露腹腔。

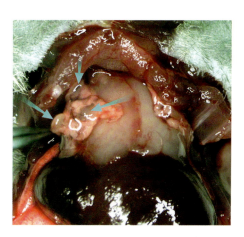

图 32.14　有的小鼠在心肺未摘除前就可以发现纵隔淋巴结，如箭头所示

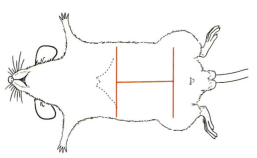

图 32.15　"工"字形切口示意

图 32.16　"工"字形开腹照

注意：标本采集开腹与常规手术开腹方式不同。前者为"工"字形切口，比后者的"I"形切口暴露面积大，不必顾及机体损伤。

简单仿照手术单一纵向开腹方式开腹，不计点；开腹损伤内脏，不计点。

（2）脾脏。于腹腔左前部位找到脾脏（图32.17），夹住并撕断胃胰脾系膜和血管，摘下脾脏，置于标本盘中。

注意：用镊子直接夹持脾脏，容易造成脾脏破裂。夹住脾脏系膜，可以轻松带出脾脏。

脾脏损伤，不计点。

（3）肝脏。先用湿棉棒和镊子将肝尾状叶与食管、胃小弯分离。然后将肝脏向前翻转，暴露镰状系膜。用平齿镊夹住并剪断肝镰状系膜（图32.18），进一步在横膈肌后夹住腹主动脉和后腔静脉，剪断横膈膜，提起肝脏，剪断腹主动脉和后腔静脉，将5叶肝脏连同胆囊提起，剪断胆总管后，置于标本盘中。

注意：小鼠肝脏前面有系膜与横膈相连，在人体解剖中，有相应的"肝镰状韧带"，而在小鼠中为"肝镰状系膜"，不能简单照搬人体解剖名称。

若肝尾状叶没有事先与食管、胃小弯分离，等全部肝叶提起时，再发现尾状叶与食管的勾连，分离时很麻烦，容易损伤肝叶。

肝脏有任何损伤，不计点。

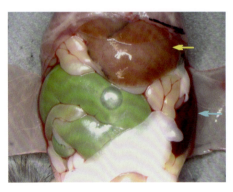 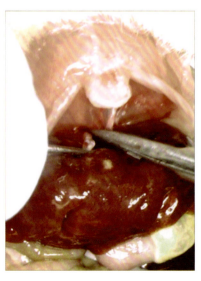

图32.17　开腹暴露脾脏。黄箭头示肝脏；蓝箭头示脾脏　　图32.18　剪断肝镰状系膜

（4）胰腺（图32.19）。用湿棉棒摊开肠管，暴露胰腺，用两把尖镊撕断胃胰脾系膜，

完全游离胰腺后将其放入标本盘中。

注意：区别胰腺与肠系膜脂肪非常重要。这两个组织器官紧密相连，颜色相近，很容易混淆。胰腺更显瓷白色。不要用尖镊直接夹持胰腺，以免造成损伤。本操作不要求分离脾叶、胃叶和十二指肠叶。

胰腺有明显损伤，不完整，不计点。

（5）肾前腺（图32.20）。在腹主动脉两侧，找到左、右肾脏，在其前方1～2 mm处找到浅粉色的肾前腺，无须剪切，直接将其夹置标本盘中。数根细小的肾前腺动脉和静脉会随之被撕断。

注意：肾前腺，对应人体解剖为肾上腺。肾前腺位于肾脏前方，但是其与肾脏有一定距离。这一点与人体结构不同。肾前腺很小，以肾脏定位方便寻找，所以要在肾脏摘除前采集。

找不到肾前腺，不计点。

（6）肾脏（图32.20）。肾脏贴附背侧腹壁，左、右各一。左肾偏后，右肾偏前。肾门位于肾脏内侧，肾动脉、肾静脉和输尿管在此处出入肾脏。两肾形态略有不同，详细解剖请参阅《Perry实验小鼠实用解剖》"第12章　泌尿系统"。

镊子夹住肾门处的动静脉和输尿管，从近端将肾动静脉和输尿管一并剪断，连同肾包膜一起置于标本盘中。

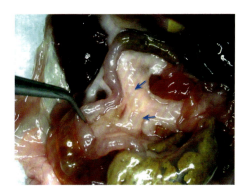 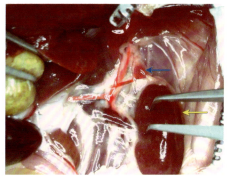

图32.19　暴露的胰腺，如箭头所示　　图32.20　暴露的肾前腺。蓝箭头示左肾前腺；黄箭头示左肾

注意：与人体解剖不同，小鼠肾脏位于腹腔内，人的肾脏位于腹腔外的腹壁后间隙。为了肾脏的完整性和安全性，不要为了采集光滑的肾脏而剥除肾包膜。不要用镊子直接夹持肾脏。

肾脏损伤，不计点。

（7）子宫、卵巢、输卵管（雌鼠）。小鼠为双角子宫，位于腹腔内。左、右子宫角于前，呈"V"形分布，有生殖脂肪包裹。子宫体于后，其后连接阴道。其腹面有膀胱覆盖，背靠直肠（图 32.21）。

用平齿镊夹住子宫体向上提起，分离膀胱，剪断宫颈后端位置的阴道，剪断子宫系膜和卵巢系膜，连同生殖脂肪囊一体采集。

注意：小鼠子宫和卵巢都在腹腔内，这一点与人体子宫和输卵管在盆腔不同。单独采集子宫、输卵管和卵巢，可以用剥皮的方法，避免开腹程序，更快捷。本章介绍系列标本采集，故开腹的方法更清洁、方便。

子宫、卵巢或输卵管有任何损伤，不计点。

（8）睾丸（图 32.22）、附睾（雄鼠）。雄鼠的睾丸和附睾左、右各一，连接紧密，随时游走于固定腹腔和阴囊内。由于有生殖脂肪囊包裹，只要将生殖脂肪囊向前牵拉，即可方便牵引出睾丸和附睾。夹住输精管近端剪断后，即可将附睾和睾丸置于标本盘中。

注意：人的睾丸固定于阴囊内。与人不同，小鼠的睾丸可以随时进出阴囊，所以牵拉生殖脂肪囊，可将睾丸拉入固定腹腔采集。若剪开阴囊采集睾丸和附睾，则费时费力。

睾丸有损伤，不计点；切开阴囊采集睾丸，不计点。

（9）精囊（图 32.22）、凝固腺（雄鼠）。精囊和凝固腺位于后部腹腔。精囊呈弯曲的羊角状，小弯内有两叶紧贴的凝固腺。用镊子夹住精囊筋膜，将精囊和凝固腺一起采集，留在标本盘中稍后分离。

注意：精囊内有大量的精浆，精囊壁很薄，一旦损伤精囊壁，会出现精浆四溢。精浆有动物死亡后很快凝固的特性，所以安排精囊采集靠后，可以避免精囊破损出现精浆四溢的现象。

凝固腺分为两叶，紧密相连。在初级操作中，可以不做分离。

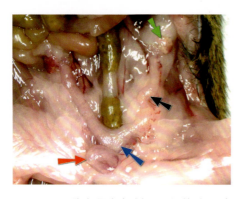 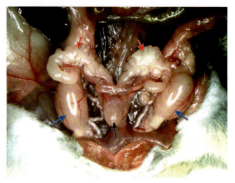

图 32.21　雌鼠子宫解剖照。红箭头示膀胱；蓝箭头示子宫体；黑箭头示子宫角；绿箭头示卵巢

图 32.22　暴露的雄鼠后腹腔。红箭头示精囊；蓝箭头示睾丸；黑箭头示膀胱

凝固腺破裂，不计点。

（10）输精管腺（图32.23）（雄鼠）。拉出膀胱和尿道近端，暴露输精管。将两侧输精管远端膨大部（输精管腺）剪下来，置于标本盘中。

注意：输精管腺在一些大动物中被称为输精管壶腹部。在小鼠解剖中，不乏照搬的说法。其实这是小鼠的输精管腺，呈麦穗状。由于太过细小，粗看就像一团膨大部。

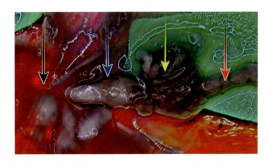

图32.23 小鼠输精管腺乳胶灌注照。黑箭头示尿道近端；蓝箭头示输精管远端；黄箭头示输精管腺；红箭头示输精管

没有找到输精管腺，不计点。

（11）前列腺（雄鼠）（图32.24，图32.25）。小鼠前列腺一共5叶，分为背左叶、背中叶、背右叶、腹左叶和腹右叶，彼此贴靠，共同围绕着尿道近端（图32.24）。尸体标本采集，可以先将近端尿道连同5叶前列腺一起剪下来，置于标本盘中。

注意：在尸体上一叶一叶采集前列腺，容易搞混乱。不如先一起采集下来后再仔细区别。

5叶前列腺采集不全，不计点。

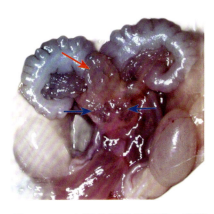

图32.24 小鼠前列腺解剖照。红箭头示膀胱；蓝箭头示前列腺

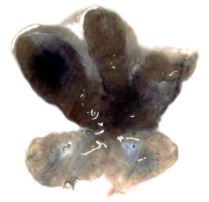

图32.25 小鼠前列腺采集灌注标本。伊文思蓝溶液灌注前列腺血管

（12）精浆棒（雄鼠）。雄鼠精浆棒在尿道膜部，在小鼠死后由精浆凝固形成。

从尿道起始部剪开尿道膜部（图32.26），暴露精浆棒（图32.27），夹出来置于标本盘中。

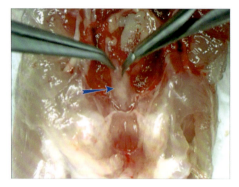 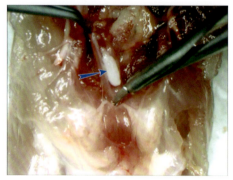

图 32.26　从骨盆外口剪开尿道膜部　　图 32.27　夹出暴露的精浆棒

注意：雄鼠尿道膜部是一个较大的储存空间。在特定情况下，例如射精前，可以储存大量精浆。小鼠死后精浆很快凝固，形成膜部尿道充盈的棒状形态，故名"精浆棒"。在测量精浆体积时，不要仅仅计算精囊内的精浆，还要考虑到精浆棒。如果忽略了精浆棒的存在，在计算小鼠体内总精浆时，会出现严重的结果偏差。请参阅《Perry 小鼠实验标本采集》"第 34 章　精浆棒采集"。

没有采集精浆棒，不计点。

（13）肠系膜淋巴结。肠系膜淋巴结是小鼠体内最大的淋巴结，拉直盲肠附近的肠系膜，找到香肠状的肠系膜脂肪条，用尖镊撕开肠系膜和脂肪，可以暴露肠系膜淋巴结，长达 1 cm。常有白色斑点分布其上，如图 32.28 所示。用镊子将其完整剥离后取出。

注意：肠系膜淋巴结因为被肠系膜脂肪包裹，容易被忽略。或者因对其长度缺乏认识，误以为采集到的部分淋巴结是全部淋巴结。

肠系膜淋巴结部分被遗漏，或损伤，不计点。

（14）膀胱（图 32.29）。小鼠膀胱位于腹腔后部，贴靠腹壁。有膀胱系膜与腹中线连接。用镊子夹住膀胱系膜，剪断两侧输尿管和尿道，将膀胱置于标本盘中。

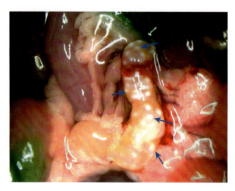 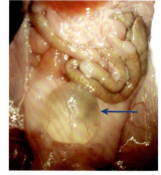

图 32.28　已经暴露的肠系膜淋巴结。箭头示其表面的白色斑点　　图 32.29　充盈的膀胱，如箭头所示

注意：膀胱的形状变化很大。长时间麻醉状态下的小鼠被处死，膀胱往往充盈（图 32.29）。在清醒状态下被惊吓，发生应激性排尿后处死，膀胱充盈不足。所以采集时不要以形态大小寻找膀胱。另外，膀胱系膜较长，所以移动性较大，不一定在腹中线上。

膀胱损伤，不计点。

（15）髂淋巴结、尾淋巴结（图 32.30）。腹主动脉与左、右髂总动脉形成一个倒"Y"形，有 3 个夹角。在腹主动脉与左、右髂总动脉夹角处，各有一个髂淋巴结。左、右髂总动脉夹角中，还有一个尾淋巴结。用镊子撕破腹壁摘取淋巴结。

注意：这 3 个淋巴结位于腹膜后间隙，不属于腹腔内器官。但是在尸体大开腹状态下，从腹腔侧采集很方便。另一种方法是撕尾采集，请参阅"第 30 章　脊柱剥离"。

忽略髂淋巴结和尾淋巴结，不计点。

（16）胃肠道。胃肠道标本以胃贲门为前端，肛门为后端，形成一个完整管道。用一把血管钳夹住食管后端，剪断膈肌，另一把血管钳将剥皮时拖出骨盆口的肛门拉回腹腔，夹住肛门，剪断其周皮肤。一只手握两把血管钳向上提起，用镊子撕断所有脏系膜，将整个胃肠道端入标本盘中（图 32.31）。

注意：胃肠道内容物是标本采集时的最大污染源，所以要最后采集。没有夹闭胃肠道两端，可能会出现食物、粪便外流。未做冲洗之前，不要放开血管钳。

食物、粪便外流，不计点；胃肠道有损伤，不计点。

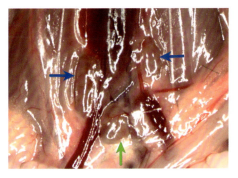

图 32.30　撕尾到腰骶段。蓝箭头示两侧的髂淋巴结；绿箭头示尾淋巴结

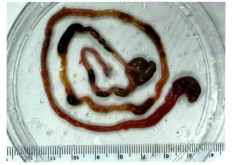

图 32.31　去除食管后的胃肠道标本。外侧端是胃，内侧端是肛门

（二）操作要点小结

（1）标本采集要求尸体新鲜。

（2）采集顺序按照避免污染来制定。

五、思考题

（1）为什么精浆棒排在后面采集？

（2）为什么胃肠道排在最后采集？

六、拓展阅读

《Perry 小鼠实验标本采集》"第二篇　胸、腹、四肢器官采集"。

第 33 章 视网膜采集

一、概述

小鼠视网膜采集分为完整采集和部分组织样本采集。完整采集多用于病理切片和铺片影像学研究，部分组织样本采集多用于提取实验。

传统的完整采集以临床手术方式进行，逐层暴露、切除。先切除角膜，再取出晶状体和玻璃体，最后仔细分离并采集视网膜。

快速采集方法是通过制造视网膜脱离的病理状况，直接获得脱离下来的视网膜。其操作特点是快速简捷，不失为专业手法。本章介绍快速采集的操作方法。

1. 常见操作误区

"将角膜切除，剥开虹膜，摘除晶状体，清理玻璃体，分离视网膜。"如此操作，整个过程漫长而危险，取得一张完整的视网膜需要非常小心和耐心，而且最终功亏一篑的概率很大。

2. 专业操作

用镊子从后面夹住眼球提高眼压，一刀将整个角膜划开，造成视网膜脱离，晶状体脱出，1 min 内轻松托出一张完整的视网膜。

二、解剖学基础

小鼠眼球呈球形，直径约 3 mm（图 33.1）。眼球表面角膜占据前面的 1/2，厚度约 0.1 mm（图 33.2）；巩膜占据后面的 1/2。眼球后极有视神经和血管进入眼球。血管包括眼动脉、眼静脉、睫状后长动脉和静脉、睫状后短动脉和静脉。结膜囊位于眼球赤道与后极之间，其内面面临眼外肌在巩膜上的附着点。眼外肌为长条状肌肉，深端附着在眼眶底的眶骨上。6 条眼外肌之间有筋膜相连，形成眼肌杯，将视神经、眼后血管、眶内脂肪与眼眶静脉窦和哈氏腺相隔离。

视网膜：视网膜内侧部分为神经上皮层，外侧部分为色素上皮层。这两层上皮之间有一个潜在的间隙。正常眼压状况下，神经上皮层和色素上皮层被挤压贴附在一起。色素上皮与脉络膜连接紧密。当眼压降低到一定程度，神经上皮会与色素上皮脱离，这就是临床上的视网膜脱离。本操作采集的视网膜实际上是视网膜的神经上皮层。

镊子挤压结膜囊向后弯曲，夹住视神经，其间将眼外肌夹紧、眼肌杯夹扁，眼球外凸，眼内压急剧升高。

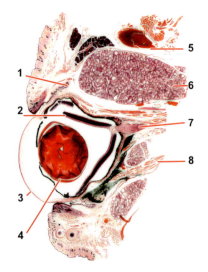

图 33.1　小鼠眼眶截面组织切片（宋柳江供图）。1. 结膜囊；2. 视网膜；3. 角膜；4. 晶状体；5. 眼眶静脉窦；6. 哈氏腺；7. 视神经；8. 眼外肌

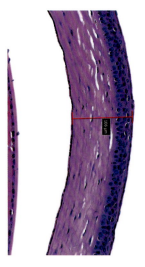

图 33.2　小鼠角膜厚约 0.1 mm

三、器械材料

刀片，平板直镊，无齿弯镊，生理盐水，皿碟。

四、操作

1. 操作步骤

（1）小鼠安乐死后立即侧卧放置。

注意：小鼠尸体越新鲜，视网膜质量越好。如果研究需要，可以在深度麻醉下采集视网膜后立即行安乐死。如果要在麻醉状态下采集两侧视网膜，需要先采集体内大部分血液后再采集视网膜，避免摘除第一只眼球后大出血。

尸体采集，处死后 10 min 不能采集到视网膜，不计点；麻醉状态下取双侧视网膜，没有事先抽血，不计点。

（2）拉紧面颊皮肤，令眼球突出眼眶外。

注意：眼球不突出，镊子很难滑至眼球后部夹住眼球后极的视神经。

开始忽略这一步骤，直接用镊子夹眼球不成功，再拉紧皮肤突眼，不计点。

（3）左手用无齿弯镊贴眼球两侧向后夹紧眼外肌，直至夹住眼球后的视神经（图33.3）。

注意：眼球突出，结膜囊实际上外翻，已经不能称其为"囊"了。还要夹住这个部位才能滑到眼球后。在眼球后夹紧视神经和眼外肌，眼球会完全突出眼眶外，眼压会极度增高，为突然眼压骤降提供条件。

镊子滑到眼球后，但是没能将眼外肌和视神经一起夹住，不计点。

（4）右手拿刀片迅速将眼角膜沿直径划开（图33.4）。晶状体和玻璃体会随之娩出（图33.5）。

注意：刀片划开从环角膜缘任何一点开始都可以，但必须通过角膜中心到达另一端，造成角膜突然最大程度的破裂，才能达到眼压骤降，眼内容物会被突然娩出。晶状体作为眼内容物的最主要部分，经常粘在刀片上。当划开角膜后找不到晶状体时，可以看看是否粘在刀片上。

玻璃体是黏稠的液体，大部分会随晶状体一起脱出眼球，但还会有少量存在眼球内。

刀片不能一下将角膜沿直径划开，不计点。

（5）左手保持弯镊夹持眼后视神经和眼外肌不放。右手持直镊在紧贴巩膜外壁从眼球后极部向前捋，将眼内容物，包括视网膜挤出眼球（图33.6），托着铺平在皿碟中。

注意：镊子在巩膜外不可夹持太紧，避免损伤视网膜。视网膜被托出来时，其表面会粘着一些玻璃体，用生理盐水很容易清洗掉。视网膜很软，形态不清晰，注意与玻璃体区别。视网膜呈半透明状，脉络膜也常和视网膜一起被挤出眼球。脉络膜为致密的血管组织，呈现暗红色或棕色，易于与视网膜区别。镊子可以紧贴脉络膜表面将视网膜分离出来。

采集的视网膜夹杂脉络膜，不计点；视网膜损伤，不计点。

（6）用生理盐水清除玻璃体、脉络膜和视网膜色素上皮。

注意：滴少量生理盐水即可，大量冲洗会损伤甚至丢失视网膜。始终注意视网膜的内面和外面。可以用镊子清理出视网膜，但是不可直接夹持，避免损伤视网膜。

镊子夹持视网膜，不计点；发生任何视网膜损伤，不计点。

（7）用直镊托起完整视网膜，小心铺平。

注意：铺平的方式取决于研究要求。如果需要做冰冻切片，可以在小圆底试管中加入干冰，在管外粘OCT（一种包埋剂），将视网膜内面贴在OCT上，再覆盖OCT形成固体冰冻包埋块。视网膜呈生理形态的球面状。倒出试管内的干冰，可以将整块包埋快脱离试管底部，修剪冷藏。

如果进行影像学研究，平铺即可。本操作为平铺。

视网膜铺不平，不计点。

图33.3　镊子夹持眼球后部

图33.4　刀片沿直径划开角膜

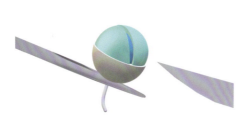

图33.5　角膜划开，眼压骤降，眼内容物娩出

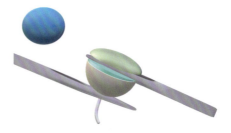

图33.6　用镊子托出视网膜。左上方蓝色球示晶状体

2. 操作要点小结

（1）镊子切实夹住小鼠眼球后极。

（2）快速、准确地划开角膜。确保全径划开，又不要触及巩膜。

（3）始终不要用镊子夹持视网膜，保持视网膜的完整性。

五、思考题

（1）本操作采集的是小鼠视网膜的哪一层？

（2）为什么低眼压会造成视网膜脱离？

六、拓展阅读

《Perry 小鼠实验标本采集》"第 4 章　完整视网膜采集"。

第 34 章
脊髓采集

一、概述

小鼠脊髓采集是标本采集中的常见项目。完整脊髓采集分为单纯脊髓采集和脑-脊髓联合采集两种。前者仅仅采集完整脊髓，后者连同大脑、小脑、延髓和脊髓一同完整采集。作为初级操作教程，本章仅介绍单纯脊髓采集。脑-脊髓联合采集操作请参阅《Perry 小鼠实验标本采集》"第 10 章 脑-脊髓采集"。

单纯小鼠脊髓采集有 3 种常见方法：切除椎板，暴露脊髓后采集；暴露脊髓腔两端，冲出脊髓；剪下颈胸腰脊柱，冲出脊髓。本章采取众家之长，介绍断颈冲出脊髓的方法。

1. 常见操作误区

（1）"利用外科手术的方法，将脊髓腔一点一点切开，直视下小心暴露脊髓后取出。"这种方法费时费力且效果不佳。

（2）"先断颈处死小鼠，再冲洗脊髓腔。"如此操作将造成腰椎侧韧带撕裂，无法将脊髓冲出。

2. 专业操作

脊柱无损伤安乐死小鼠，剥皮，断颈和前肢。在腰骶关节处进针脊髓腔，迅速注入生理盐水，将完整的脊髓从颈端冲出脊髓腔。

二、解剖学基础

小鼠颈椎有 7 节，第 1 颈椎为寰椎，第 2 颈椎为枢椎。胸椎 13 节，腰椎 6 节，骶椎 4 节融合在一起（图 34.1），尾椎约为 29 节。胸 13-腰 1 椎关节鞘膜裹层弹性最差。断颈处死时，此处常断裂，脊髓腔的完整性被破坏，冲洗液会由此泄漏，无法形成足够的完整腔内液体压力，脊髓会嵌顿于此。

脊髓位于脊髓腔内，前端粗大，后端细小，一般成鼠腰骶关节处脊髓腔直径约为 1.1 mm。在腰 4 部位形成马尾神经丛。这些神经非常脆弱，将脊髓从脊髓腔中冲洗出来时很容易断裂。详情请参阅《Perry 实验小鼠实用解剖》"第 22 章　腰椎"。

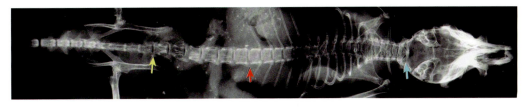

图 34.1　小鼠脊柱 X 线照。黄箭头示腰骶关节处，为冲洗进针点；蓝箭头示寰椎，为脊髓出口部位；红箭头示腰 1 部位，为周围软组织弹性最差部位

小鼠为松皮动物，皮肤松弛区域不包括头颅、肘关节远侧和尾部皮肤。徒手剥皮时，到非松皮区皮肤粘连程度明显增加。

三、器械材料

剪子（用于剪皮肤、剪断椎关节间隙和头与前肢）；皮肤镊（用于夹持皮肤和腰椎）；10 cm 直径皿碟（用于接纳冲出的完整脊髓）；生理盐水（用于预先注入皿碟和灌注脊髓）；3 mL 注射器预充满生理盐水，安置 19 G 注射钝针头（图 34.2）。

图 34.2　19 G 注射钝针头，长 7 mm

四、操作

1. 操作步骤

（1）湿皮。新鲜小鼠尸体浸湿皮毛。

注意：小鼠安乐死不可用断颈法。避免损伤脊柱，造成脊髓腔冲洗漏液、脊髓嵌顿。浸湿尸体，避免去皮时体毛飞散，污染术区。

小鼠断颈处死，不计点；没有浸湿皮毛，不计点。

（2）剥皮（图 34.3）。具体操作请参阅"第 29 章　皮肤剥离"。向前剥皮至枕骨，前肢到肘部停止；向后剥皮至尾根部，后肢到近膝关节处。

注意：剥皮步骤用时不超过 1 min。剥皮面积至少需要满足前后两端脊髓全部暴露。前端暴露到枕骨后端时，前肢剥皮自然到达肘关节。后端必须暴露到腰骶关节之后。

剥皮着力于皮肤，不要过度牵拉脊柱，避免损伤脊柱周围韧带和关节，防止灌注漏液。

剥皮面积不够，不计点；剥皮损伤脊柱或脊椎关节，不计点。

（3）断腰（图34.4）。保持小鼠俯卧位，左手持镊子夹住腰椎上提，以增大腰骶关节的弯曲度，右手持剪子一剪剪断腰骶关节。

注意：一剪精确剪断腰骶关节，以清楚保留腰部脊髓腔断面为原则。无须剪切过深，内脏损伤过度会增加污染。

未能一剪剪断腰骶关节，不计点；损伤椎骨，不计点。

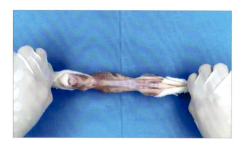
图34.3　剥皮，前至枕骨，后至尾根

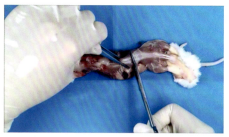
图34.4　剪断腰骶关节，暴露脊髓腔

（4）斩首（图34.5）。剪刀紧贴枕骨后，一剪剪下头颅和双前肢（肘关节部位）。暴露脊髓前端断面。

注意：一剪完成操作。头颅和前半身皮肤以及双前肢小腿一起被剪除。

未能一剪剪下头颅，不计点；仅剪下头颅，没有剪下前肢，不计点；其他前部残留皮肤，不计点；寰椎损伤，不计点。

（5）置碟（图34.6）。将预先装有少量生理盐水的皿碟安置在剪断的小鼠颈部下方，准备接取冲出的脊髓。

注意：皿碟安置的时机在进针之前，可以避免前面操作过程污染。同时在进针后可以立即冲洗脊髓腔。

过早、过晚安放皿碟，均不计点。

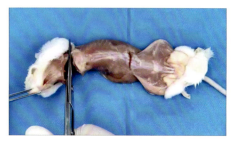
图34.5　剪除头颅和双前肢小腿，连同去除前半身皮肤

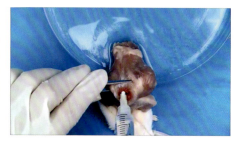
图34.6　将皿碟置于小鼠颈部下方，针头于腰骶关节处插入脊髓腔

（6）进针（图 34.6）。检查寰椎断面出口暴露良好。左手持镊子上下夹住腰 6 部位，针头从脊髓腔断面向头方向稳稳刺入脊髓腔约 3 mm。

注意：19 G 针头刺入成鼠脊髓腔时一般应感觉略紧。万一刺入困难，可换 20 G 针头，不可强行刺入，避免撑裂骨髓腔。如果顺利刺入，左右摆动针头，感觉有明显的宽裕间隙，需要更换 18 G 针头。否则灌注时会反向溢液，导致灌注失败。钝针头长 7 mm，无须完全插入脊髓腔，避免损伤脊髓尾端。

注射器选择：注射器越小，推注越省力。新手开始练习时，往往用水多一些，还是以 3 mL 注射器为首选。熟练后 1 mL 注射器也可以用。

进针过深、过浅，均不计点。

（7）灌冲（图 34.7，图 34.8）。针头进入骨髓腔合适部位后，猛然将盐水推注入脊髓腔，在脊髓冲出脊髓腔、落入皿碟后，即可停止冲洗，完成采集。

注意：冲洗力度要够大，速度够快，方可猛然将脊髓冲出来。脊髓颈段粗大，尾段细小。故可以从后向前顺利将其冲出，而不必切开每一节脊椎。镊子要夹紧，防止大力推注时针头被倒逼出髓腔。

脊髓未被冲出来，整个操作点数归零。

图 34.7　冲出脊髓的瞬间　　　　　图 34.8　冲出的完整脊髓

2. 操作要点小结

（1）无论断头、断前肢，还是断腰骶关节，均需准确，一剪完成。可以避免损伤椎骨，出现碎骨刺伤脊髓。

（2）不可用镊子直接夹持脊髓，避免不必要的脊髓损伤。

（3）保证针头大小适宜，方可有足够的冲洗力度。

（4）暴露脊髓腔之前，避免任何损伤脊柱的操作，例如，手拉断颈处死小鼠。

五、思考题

（1）为什么要从腰骶关节进针？

（2）为什么不能用断颈法处死小鼠？

六、拓展阅读

《Perry 小鼠实验标本采集》"第 10 章　脑、脊髓采集"。

第 35 章 骨髓采集

一、概论

小鼠体形小，骨髓存在空间小，采集骨髓多用骨髓空间最大的股骨。一般从新鲜尸体上采集骨髓。操作中把股骨取下来，方便冲洗出骨髓。

取股骨要求利索而干净，这就需要了解股骨相关解剖。例如，与股骨相关的关节和肌肉解剖、股骨两端软骨和骨骺的厚度等。

1. 常见操作误区

（1）"先将大腿切下来，把肌肉从股骨表面剪除，切开股骨两端，冲洗出骨髓。"实际上，先在体分离股骨表面肌肉，比切下大腿后清理肌肉更快捷。冲洗骨髓，无须剪断股骨远端。

（2）"采集股骨时，用剪刀剪断膝关节。清理关节周围残存的软组织和碎骨。"专业操作可以令股骨远端完整瞬间脱出膝关节，无须清理剪断的膝关节。

（3）"采集股骨时，把股骨近端从髋关节臼中挖出。"实际上，冲洗骨髓腔之前要剪断股骨近端以暴露骨髓腔。采集股骨时，直接剪断股骨近端，方便快捷。

2. 专业操作

钝分离贴附股骨的肌肉和髌骨悬韧带，令股骨远端自动脱出。剪断股骨近端，冲洗骨髓。

二、解剖学基础

小鼠股骨被股四头肌和大腿后侧肌肉环绕，是身体内最大的管状骨，其骨髓腔内存有最多的骨髓。股骨近端陷入髋关节臼内，由于小鼠体形小，髋关节周围的肌腱并非牢固，因而，其近端容易被牵拉移位；股骨远端与胫骨和腓骨形成关节结构，连接力最强的是髌骨悬韧带，破坏此韧带，膝关节就基本被解体了。

C57 成年小鼠，股骨长约 14 mm（图 35.1）。近端关节软骨面厚度不足 0.2 mm（图 35.2），骨骺厚度不足 0.4 mm（图 35.3）。骨干骨壁厚约 0.2 mm，骨髓腔直径约 1 mm（图 35.4）。

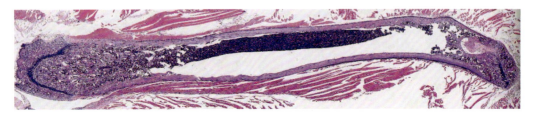

图 35.1　小鼠股骨组织切片（H-E 染色），全长约 14 mm。左边为远端，右边为近端

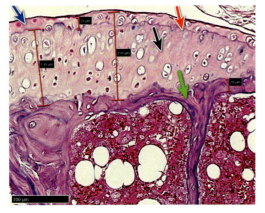

图 35.2　小鼠股骨远端组织切片（H-E 染色）。蓝箭头示软骨浅表区；红箭头示过渡区；黑箭头示辐射区；绿箭头示深层区

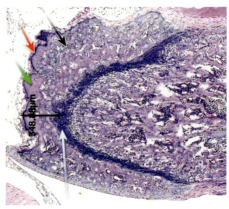

图 35.3　小鼠股骨远端骨骺病理切片（H-E 染色）。红箭头示软骨浅表区；绿箭头示软骨；黑箭头示骨骺；白箭头示骺板

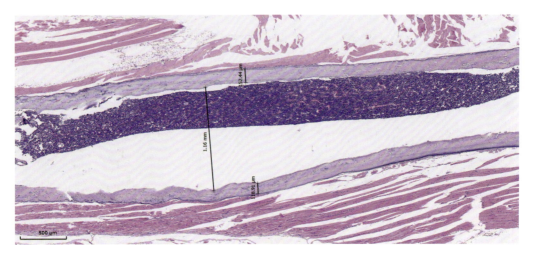

图 35.4　小鼠股骨骨干局部，示骨壁厚度和骨髓腔直径

骨髓腔可容纳 26 G 针头，股骨远端的软骨层厚度不足 0.2 mm，普通 26 G 注射针头的锋利度和硬度可以轻松从关节面刺入骨髓腔（图 35.5）。

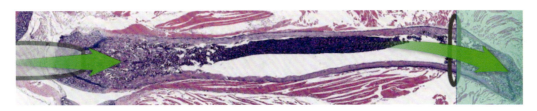

图 35.5　针头刺入骨髓腔冲洗骨髓示意。左侧为股骨远端，右侧为近端，端面被剪除

三、器械材料

尖头直剪，平齿镊，26 G 针头，1 mL 注射器灌满生理盐水待用，收集管（1.8 mL 离心管，用于收集骨髓）。

四、操作

1. 操作步骤

（1）剥皮（图 35.6）。小鼠新鲜尸体剥皮，具体操作请参阅"第 29 章　皮肤剥离"。将皮肤向后剥到小腿，再将小鼠侧卧。

注意：小鼠剥皮只向后剥到小腿就足够了，无须向前剥。

剥皮没有到达小腿，不计点；剥皮前没有浸湿体毛，不计点。

（2）分离（图 35.7）。左手持镊子夹住股四头肌，将剪子合口，在股内侧肌后缘，贴着股骨前面刺入股四头肌下。张开剪子，以剪背分离股骨与股四头肌。

注意：大腿肌肉与股骨的分离程度越彻底越好，但是清理程度与所需骨髓的质量间应有平衡妥协。短时间完成骨髓采集，对骨髓的质量有益；过度强调分离干净，不

图 35.6　剥皮侧卧，暴露大腿

图 35.7　分离股骨与股四头肌

惜时间精雕细琢没有必要。在后续"净骨"的操作中，还有机会清理残存的肌肉。

大部分大腿肌肉没有与股骨分离，不计点。

（3）断筋。剪子继续开大口，快速强力从髌骨悬韧带下方分离髌骨，断裂膝关节腔。

注意：髌骨悬韧带是股四头肌远端的延续，附着于髌骨。剪刃位于肌肉和股骨之间，才能分离髌骨与膝关节，使膝关节分崩离析。

以外科手术方式，用剪子剪开膝关节腔，游离股骨远端，不计点。

（4）脱骨（图35.8，图35.9）。将剪子合口从后面贴股骨插入，用力张开剪子，猛然将后面的肌肉与股骨远端分离，股骨远端会完整干净地脱出已经崩溃的膝关节腔。

注意：由于膝关节腔内没有肌肉、筋膜、脂肪等软组织，当膝关节崩溃，股骨远端从关节腔内释放时，端面非常干净，给下一步针头穿刺骨面提供了一个干净的平台。

如果股骨远端没有从残破的膝关节腔内完全脱出，可以用"反关节法"脱出股骨远端。即，用剪子上刃压住小腿前面的胫骨前部，下刃托起小腿后面的踝部，反关节方向将小腿向前掰，股骨远端会从膝关节腔内完全脱出。

股骨远端没有干净利索地脱出膝关节腔，不计点。

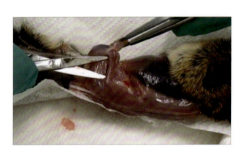

图35.8 分离股骨与后侧肌群

图35.9 继续撑开剪刃，令股骨远端脱出崩溃的膝关节腔

（5）净骨。左手持镊子夹住股骨远端向上提起，检查股骨游离状态。如果股骨表面尚有明显的肌肉附着，用剪子大致清理一下。此时仅有股骨近端陷在髋关节内，为软组织包裹。

注意：当步骤2"分离"环节中，大腿肌肉分离不够彻底时，拉起远端游离的股骨，会发现一些不规则的肌肉与股骨粘连。此时可以用剪子简单地清理一下。为节约时间，无须太细致。

清理残存肌肉的时间超过1 min，不计点。

（6）剪骨（图35.10）。镊子保持夹着股骨远端，用力向上牵拉，同时剪子张开，在股骨两侧水平下压，使股骨近端部分脱离髋关节。剪断股骨近端约 1 mm，将股骨完全游离出髋关节臼。

注意：镊子向上拉，剪子向下压，双手合作是完成这个操作的关键。要确保将股骨近端水平剪断 1 mm，暴露股骨骨髓腔，方可从远端将骨髓冲洗出来。剪得过少，不能暴露骨髓腔；剪得过多，损失骨髓。

剪断股骨近端过多、过少，均不计点。

（7）冲髓（图 35.11）。左手持镊子保持夹着股骨，令股骨远端向上，移到骨髓收集管上方。右手持注射器，针头垂直旋转钻透股骨远端关节面，针头进入骨髓腔 1 mm。快速推注生理盐水，将骨髓冲入收集管。

注意：常用的 25 G 注射针头外径为 0.5 mm，26 G 注射针头外径为 0.45 mm。成年小鼠股骨骨髓腔直径为 0.4～0.5 mm。针头太小，不利于刺穿股骨远端；针头太大，有撑破骨髓腔的危险。应根据小鼠的大小和年龄，选择适宜的针头。故实际实验中，针头尺寸不应强行一致。

骨髓部分洒落在收集管外，不计点。

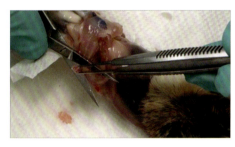

图 35.10 镊子上提股骨，剪子下压剪断股骨近端

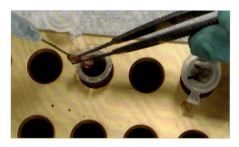

图 35.11 针头钻入股骨远端，将骨髓冲洗出来

（8）完毕。保管收集管，清理台面。

注意：这个操作结束时，台面会尸体零落，需整理后方可结束。

忘记整理台面，不计点。

2. 操作要点小结

（1）分离股骨和股四头肌。

（2）髌骨悬韧带绷断，令股骨远端干净游离。

（3）双手配合操作，剪断股骨近端端面。

五、思考题

（1）选择冲洗针头尺寸的原则是什么？

（2）为什么要剪开股骨近端，而不是远端？

（3）为什么对股骨近端剪断长度有较精确的要求？

六、拓展阅读

《Perry 小鼠实验标本采集》"第 18 章　骨髓采集"；《Perry 小鼠实验手术操作》"第 21 章　剥皮"。

第 36 章 全脑采集

一、概述

脑采集（图 36.1）因实验目的不同而有全脑采集、部分脑采集、脑－脊髓采集之分。本章介绍全脑采集。其中，开颅分为颅顶开颅和颅底开颅两种方法。全脑采集以颅顶开颅较为方便。只有特殊需要时，才采取颅底开颅的途径，从上腭打开颅腔，暴露颅底。

颅顶开颅分为纵向开颅和横向开颅两种方法。横向开颅是沿着耳孔和眼眶水平、环形切开颅骨，将颅骨从后向前翻起。由于颅骨与脑组织相贴紧密，环形剪切颅骨时，极易伤及脑组织。

纵向开颅，操作得宜的话，更为安全。纵向开颅有前路和后路之分。前路是流行方式；后路是笔者创新方式，操作快捷，技术要求略高，也更为安全。本章介绍后路开颅的方法。

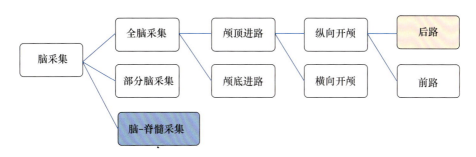

图 36.1　脑采集分类。粉色框部分为本章涉及内容。蓝色框部分请参阅《Perry 小鼠实验标本采集》"第 10 章　脑、脊髓采集"

1. 常见操作误区

（1）"常规用刀剪直接切开或剪开颅骨。"这类简单操作极易损伤脑组织。

（2）"在颅顶切开皮肤以暴露颅骨。"这类直接操作难免将体毛粘到暴露面上，很难清除。

(3)"脑暴露后,用镊子夹出脑子。"若要脑组织不受机械损伤,应避免用镊子触及。

2. 专业操作

从背部剥皮至颅顶,直达眼部;沿矢状缝撑开顶骨和额骨;用药勺托出全脑。

二、解剖学基础

小鼠脑组织在颅腔内,颅腔由多块颅骨构成。与本操作相关的重要解剖学知识(图36.2)为:颅顶中央纵轴的矢状缝向后延伸到顶间骨前缘,其两侧的颅骨从前向后为鼻骨、额骨、顶骨。矢状缝是这些颅骨在纵轴线上的汇合处。其左右交错细密咬合,外面平滑,背面呈嵴样隆起,是开颅的中分线。

枕骨形成颅骨的后壁,中央有枕骨大孔,是剪切颅骨的入口。枕骨前面连接顶间骨,与枕骨一样,顶间骨为左右一体结构。枕骨是颈长肌、头长肌等后颈肌群的前附着点。肌肉层次多。在从枕骨大孔进剪之前,需要清理一下,以暴露术野。

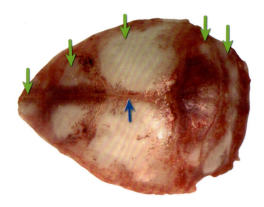

图 36.2 小鼠颅骨俯视照。蓝箭头示矢状缝;绿箭头从左向右依次为鼻骨、额骨、顶骨、顶间骨和枕骨

鼻骨与额骨交界处深面是嗅球和大脑交界处。在此处横向剪开,可以避免伤及大脑。若需要保留嗅球,则需要从鼻骨前端剪开。

眼眶:上半部为骨性,用镊子夹住双侧眼眶有助于术中固定头颅,便于开颅手术操作。

三、器械材料

眼科剪,皮肤镊,药勺。

四、操作

1. 操作步骤

(1)剥皮。小鼠全身浸湿,向前剥皮至颅顶,前肢剥皮到肘部。具体操作请参阅"第29章 皮肤剥离"。

注意：无须向后剥皮。向前剥皮时，肘部的皮肤无须剪除。

没有浸湿小鼠，不计点；颅骨表面有残存体毛，不计点。

（2）断耳。向前剥皮到耳根处，剪断耳根环形软骨。

注意：需要找到耳根环形软骨。此软骨与颅骨和耳郭软骨都不相连，而是夹在其中间。剥皮至此，在翻转的皮肤内面，可以很清楚地看到这个环形软骨在耳根处。

在耳郭处剪断软骨，不计点。

（3）断睑。继续向前剥皮到眼部，向上拉紧皮肤，剪子紧贴眶骨剪断结膜囊。完整眼睑随皮肤脱离眼眶，此处头皮也脱离了颅骨。

注意：双手配合，向上牵拉眼睑要够力，下压要贴紧颅骨，这样剪断结膜囊才能够使眼睑完整脱离颅骨，只要剪子是平贴眼眶剪切，就不会损伤眼球。

眼睑被剪破，部分残留在颅骨表面，不计点；损伤眼球，不计点。

（4）暴露。继续向前剥皮，暴露鼻骨；向两侧剥皮，暴露咬肌。

注意：皮肤向前拉紧，很容易将皮肤从鼻骨上剥脱。仅口唇边缘保持连接时，可以停止剥皮。不要从口唇处剪除皮肤，那样容易有残存体毛污染躯干。

没有完全暴露上半部咬肌和大部分鼻骨，不计点。

（5）断颈（图36.3）。从枕骨和寰椎之间剪断延髓。

注意：剪子垂直骨关节间隙，剪尖在关节两侧深入超过延髓，一剪完全剪断关节断面。深部的食管和气管保持完整。

剪切过深或过浅，均不计点。

（6）进剪。镊子夹住双眼眶固定头颅。从颅骨大孔中线向上垂直剪开枕骨的垂直面。

注意：剪开枕骨的过程中，内剪刃紧贴枕骨内面，少量推进，多次剪切，可以避免剪尖划伤脑组织。枕骨的垂直面剪开后，一般水平面已经裂开。

剪尖划伤脑组织，不计点。

（7）剪骨（图36.4）。沿着剪口，剪尖上翘进入枕骨水平面，沿着矢状缝，纵向剪开顶间骨。

注意：剪尖上挑非常重要，避免剪尖划伤脑组织。

剪尖划伤脑组织，不计点；剪口超过顶间骨，不计点；剪口没有沿着矢状缝的延长线，不计点。

（8）旋转（图36.5）。此时剪子双刃合并卡在剪口中，稳稳地逆时针旋转90°，剪子呈水平位置保持卡在枕骨剪口中。

注意：剪尖探出颅骨少许，剪身保持在骨切口中旋转，可以避免剪子脱出骨切口的同时，也避免其进入颅腔。

剪尖在颅内，旋转时剪尖划伤脑组织，不计点；旋转剪子时，剪子脱出骨切口，不计点。

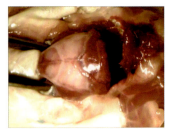 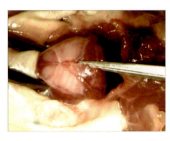 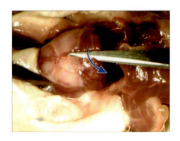

图 36.3　切断枕骨–寰椎关节　　图 36.4　沿矢状缝剪断枕骨和顶间骨　　图 36.5　剪子卡在颅骨剪口中旋转 90°

（9）推进（图 36.6）。剪子保持合口，并保持少许剪尖探出颅骨表面，剪体近乎平行地卡在颅骨的切口中，沿矢状缝向前缓慢平推，利用剪子侧面的三角形撑开顶骨、额骨和鼻骨。

注意：保持水平推进，避免剪子脱出骨切口。

推进中剪子脱出骨切口，不计点。

（10）撑开（图 36.7）。剪尖进入鼻骨区域即停止前行，张开剪刃，撑大骨切口。

注意：张开剪刃，顾及左右均衡。如果顶骨和额骨撑开顺利，鼻骨未能一起被撑开，可以重新将剪子插入鼻骨中缝，继续撑开鼻骨。

张开剪刃，左右用力不均匀，致使一侧颅骨被撑破，另一侧完整，不计点。

（11）折断（图 36.8）。当双剪刃之间的张开间距宽于脑组织时，剪刃在颅骨内面向下压，使颅骨向左右翻转折断，完全暴露脑顶。

注意：避免不对称用力，仅仅压断一侧颅骨。

出现一侧颅骨完整，不计点。

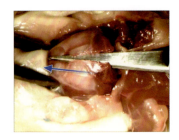 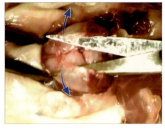 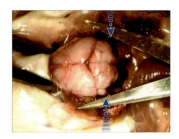

图 36.6　剪子合口向前平推，撑开颅骨　　图 36.7　剪子开口将颅骨向两侧撑开　　图 36.8　剪刃平面下压颅骨到底，完全折断颅骨

（12）探底（图 36.9）。用长药勺从脑底面插入，截断颅底脑神经，直达嗅球。

注意：药勺不能抵达嗅球，会将嗅球遗留在颅内。流行的前路法由于从前囟插入剪子，嗅球会被剪断。后路法可以保留嗅球与脑组织的完整性。

未能连嗅球一起端出颅腔，不计点。

（13）取脑（图36.10）。上抬药勺，将全脑托出颅腔，置于标本盒中。放开夹持眼眶的镊子。

注意：药勺需要一直探到鼻骨部位，方可把嗅球连同脑组织一起托出来。及时检查脑表面是否有损伤。镊子夹住眼眶，到药勺取出全脑后方可放开。

脑表面有划伤，不计点。

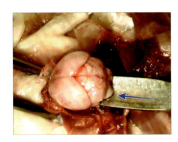

图 36.9 药勺从后面贴颅底插入，直达嗅球　　图 36.10 药勺将全脑托出

2. 操作要点小结

（1）不可用手术器械夹持脑组织。
（2）不得已接触脑组织时，只能用器械的光滑部位。
（3）能钝性分离颅骨，不用剪切等锐性方式。

五、思考题

（1）小鼠颅骨矢状缝与额骨相比，哪一个的厚度更大？
（2）小鼠颅骨矢状缝左右的颅骨是以什么方式衔接的？
（3）剪身在矢状缝中向前平推撑开颅骨时，如何避免剪尖损伤脑组织？

六、拓展阅读

《Perry 小鼠实验标本采集》"第 2 章　全脑采集"；《Perry 小鼠实验手术操作》"第 21 章　剥皮"。

附 录

表1　C57BL/6小鼠（雄性，8周龄）各器官的质量

编号	体重/g	心脏/g	肝/g	脾/g	肺/g	肾/g		脑/g	凝固腺/g	睾丸/g		包皮腺/g	眼球/g	
						左	右			左	右		左	右
1	21.5	0.106	0.894	0.060	0.112	0.123	0.120	0.433	0.014	0.078	0.083	0.077	0.018	0.019
2	21.6	0.112	0.937	0.068	0.127	0.129	0.145	0.393	0.010	0.067	0.071	0.088	0.018	0.018
3	21.6	0.100	0.922	0.059	0.100	0.123	0.134	0.433	0.014	0.071	0.068	0.052	0.019	0.018
4	20.9	0.112	0.928	0.073	0.118	0.121	0.126	0.431	0.013	0.063	0.067	0.070	0.017	0.016
5	21.5	0.112	1.069	0.068	0.112	0.129	0.140	0.420	0.013	0.068	0.070	0.072	0.018	0.020
6	20.2	0.091	0.964	0.064	0.109	0.112	0.126	0.416	0.013	0.057	0.064	0.080	0.016	0.016
7	20.9	0.107	0.928	0.054	0.116	0.112	0.120	0.404	0.014	0.057	0.071	0.056	0.018	0.019
8	20.3	0.135	0.907	0.069	0.120	0.123	0.126	0.423	0.010	0.068	0.070	0.056	0.018	0.019
9	19.5	0.101	0.902	0.061	0.107	0.127	0.139	0.413	0.014	0.080	0.076	0.079	0.018	0.018
10	21.2	0.113	0.985	0.066	0.117	0.139	0.139	0.425	0.013	0.084	0.084	0.057	0.019	0.020
均值	20.92	0.109	0.944	0.064	0.114	0.124	0.132	0.419	0.013	0.069	0.072	0.069	0.018	0.018
标准差	0.678	0.011	0.049	0.005	0.007	0.008	0.009	0.012	0.001	0.009	0.006	0.012	0.001	0.001

注：表1～表6由上海实验动物研究中心提供。

表 2　C57BL/6 小鼠（雌性，8 周龄）各器官的质量

编号	体重/g	心脏/g	肝/g	脾/g	肺/g	肾/g		脑/g	子宫/g	包皮腺/g	眼球/g	
						左	右				左	右
11	19.6	0.139	0.816	0.060	0.128	0.104	0.109	0.427	0.070	0.017	0.019	0.020
12	18.8	0.131	0.778	0.062	0.122	0.106	0.113	0.438	0.053	0.015	0.020	0.020
13	18.4	0.084	0.806	0.063	0.142	0.116	0.123	0.438	0.054	0.008	0.015	0.019
14	17.1	0.102	0.770	0.048	0.130	0.100	0.112	0.450	0.036	0.008	0.019	0.022
15	18.2	0.104	0.760	0.062	0.109	0.110	0.110	0.420	0.070	0.011	0.019	0.019
16	18.4	0.099	0.749	0.049	0.126	0.108	0.122	0.441	0.050	0.004	0.022	0.022
17	17.9	0.089	0.669	0.057	0.075	0.092	0.098	0.434	0.033	0.005	0.018	0.017
18	17.6	0.099	0.714	0.054	0.109	0.100	0.104	0.436	0.042	0.006	0.019	0.017
19	17.5	0.089	0.694	0.065	0.074	0.108	0.095	0.439	0.065	0.005	0.021	0.018
20	17.5	0.118	0.682	0.051	0.120	0.100	0.093	0.414	0.082	0.004	0.021	0.020
均值	18.10	0.105	0.744	0.057	0.114	0.104	0.108	0.434	0.056	0.008	0.019	0.019
标准差	0.703	0.017	0.049	0.006	0.022	0.006	0.010	0.010	0.015	0.004	0.002	0.002

表3 C57BL/6小鼠（雄性）血常规数据

编号	6	7	8	9	10	均值	标准差
白细胞（WBC）/（个/μL）	5140	2670	3370	2410	3410	3400	953.058
红细胞（RBC）/（10^4个/μL）	988	1080	938	1032	1048	1017.2	49.471
血红蛋白（HGB）/（g/L）	159	165	142	156	160	156.4	7.761
红细胞压积（HCT）/（10^{-1}%）	508	517	449	491	495	492	23.409
平均红细胞体积（MCV）/（10^{-1}fL）	514	479	479	476	472	484	15.218
平均红细胞血红蛋白含量（MCH）/（10^{-1}pg）	161	153	151	151	153	153.8	3.709
平均红细胞血红蛋白浓度（MCHC）/（g/L）	313	319	316	318	323	317.8	3.311
血小板记数（PLT）/（10^3个/μL）	1574	1468	844	1545	1931	1472.4	352.367
红细胞分布宽度标准差（RDW-SD）/（10^{-1}fL）	266	308	308	295	340	303.4	23.880
红细胞分布宽度变异系数（RDW-CV）/（10^{-1}%）	155	217	212	209	236	205.8	27.081
血小板体积分布宽度（PDW）	72	79	73	78	91	78.6	6.771
平均血小板体积（MPV）/（10^{-1}fL）	75	73	69	72	74	72.6	2.059
大血小板比例（P-LCR）/（10^{-1}%）	72	75	46	65	78	67.2	11.444
血小板压积（PCT）/（10^{-2}%）	119	107	58	111	143	107.6	27.768
中性粒细胞（NEUT#）/（个/μL）	400	250	—	260	370	320	65.955
淋巴细胞（LYMPH#）/（个/μL）	4370	2340	—	2110	2940	2940	879.460

（续表）

编号	6	7	8	9	10	均值	标准差
单核细胞（MONO#）/（个/μL）	310	40	—	30	50	107.5	117.127
嗜酸性粒细胞（EO#）/（个/μL）	60	30	—	10	50	37.5	19.203
白细胞（BASO#）/（个/μL）	0	10	10	0	0	4	4.899
中性粒细胞百分比（NEUT%）/（10^{-1}%）	78	94	—	108	108	97	12.369
淋巴细胞百分比（LYMPH%）/（10^{-1}%）	850	876	—	876	862	866	10.863
单核细胞百分比（MONO%）/（10^{-1}%）	60	15	—	12	15	25.5	19.956
嗜酸性粒细胞百分比（EO%）/（10^{-1}%）	12	11	—	4	15	10.5	4.031
白细胞百分比（BASO%）/（10^{-1}%）	0	4	3	0	0	1.4	1.744
网织红细胞（RET#）/（10^2μL）	6096	6642	6585	6264	5492	6215.8	414.371
网织红细胞百分比（RET%）/（10^{-2}%）	617	615	702	607	524	613	56.388
低荧光强度网织红细胞比例（LFR）/（10^{-1}%）	616	831	737	752	850	757.2	82.983
中荧光强度网织红细胞比例（MFR）/（10^{-1}%）	234	159	228	206	133	192	39.563
高荧光强度网织红细胞比例（HFR）/（10^{-1}%）	150	10	35	42	17	50.8	50.941
未成熟网织红细胞比例（IRF）/（10^{-1}%）	384	169	263	248	150	242.8	82.983
网织通道血红蛋白（RBC-O）/（10^4/μL）	868	948	856	908	956	907.2	40.509
电阻抗法血小板（PLT-I）/（10^3/μL）	1574	1468	844	1545	1931	1472.4	352.367
光学法血小板（PLT-O）/（10^3/μL）	1213	808	798	807	1027	930.6	165.489

表 4　C57BL/6 小鼠（雌性）血常规数据

编号	16	17	18	19	20	均值	标准差
白细胞（WBC）/（个/μL）	2260	1510	1620	3010	2550	2190	564.659
红细胞（RBC）/（10^4 个/μL）	1073	962	1025	1071	997	1025.6	42.828
血红蛋白（HGB）/（g/L）	160	154	167	162	153	159.2	5.192
红细胞压积（HCT）/（10^{-1}%）	504	474	500	492	464	486.8	15.367
平均红细胞体积（MCV）/（10^{-1}fL）	470	493	488	459	465	475	13.221
平均红细胞血红蛋白含量（MCH）/（10^{-1}pg）	149	160	163	151	153	155.2	5.381
平均红细胞血红蛋白浓度（MCHC）/（g/L）	317	325	334	329	330	327	5.762
血小板记数（PLT）/（10^3 个/μL）	2030	1281	1345	1869	1499	1604.8	294.663
红细胞分布宽度标准差（RDW-SD）/（10^{-1}fL）	291	228	221	287	290	263.4	31.866
红细胞分布宽度变异系数（RDW-CV）/（10^{-1}%）	212	131	129	212	206	178	39.258
血小板体积分布宽度（PDW）	87	72	71	82	82	78.8	6.242
平均血小板体积（MPV）/（10^{-1}fL）	77	78	75	75	74	75.8	1.470
大血小板比例（P-LCR）/（10^{-1}%）	94	82	66	83	79	80.8	8.976
血小板压积（PCT）/（10^{-2}%）	156	99	101	140	111	121.4	22.668
中性粒细胞（NEUT#）/（个/μL）	420	390	140	230	210	278	108.333
淋巴细胞（LYMPH#）/（个/μL）	1780	980	1270	2720	2280	1806	637.232

（续表）

编号	16	17	18	19	20	均值	标准差
单核细胞（MONO#）/（个/μL）	40	90	190	50	50	84	55.714
嗜酸性粒细胞（EO#）/（个/μL）	10	50	20	10	10	20	15.492
白细胞（BASO#）/（个/μL）	10	0	0	0	0	2	4.00
中性粒细胞百分比（NEUT%）/（10^{-1}%）	186	258	87	76	82	137.8	72.505
淋巴细胞百分比（LYMPH%）/（10^{-1}%）	788	649	784	904	894	803.8	92.500
单核细胞百分比（MONO%）/（10^{-1}%）	18	60	117	17	20	46.4	38.826
嗜酸性粒细胞百分比（EO%）/（10^{-1}%）	4	33	12	3	4	11.2	11.374
白细胞百分比（BASO%）/（10^{-1}%）	4	0	0	0	0	0.8	1.600
网织红细胞（RET#）/（10^2μL）	5086	4175	4069	4916	5493	4747.8	545.319
网织红细胞百分比（RET%）/（10^{-2}%）	474	434	397	459	551	463	51.143
低荧光强度网织红细胞比例（LFR）/（10^{-1}%）	861	619	664	875	828	769.4	106.494
中荧光强度网织红细胞比例（MFR）/（10^{-1}%）	122	217	188	118	154	159.8	38.149
高荧光强度网织红细胞比例（HFR）/（10^{-1}%）	17	164	148	7	18	70.8	69.855
未成熟网织红细胞比例（IRF）/（10^{-1}%）	139	381	336	125	172	230.6	106.494
网织通道血红蛋白（RBC-O）/（10^4/μL）	937	853	900	930	872	898.4	32.401
电阻抗法血小板（PLT-I）/（10^3/μL）	2030	1281	1345	1869	1499	1604.8	294.663
光学法血小板（PLT-O）/（10^3/μL）	1024	1187	1035	866	748	972	151.202

表5　C57BL/6小鼠（雄性）血清生化数据

编号	1	2	3	4	5	均值	标准差
谷丙转氨酶（ALT）/（U/L）	38.2	34.2	30.0	29.1	30.2	32.34	3.416
谷草转氨酶（AST）/（U/L）	123.0	130.1	136.3	69.4	104.5	112.66	24.116
总蛋白（TP）/（g/L）	57.79	54.46	54.59	54.83	55.80	55.49	1.240
碱性磷酸酶（ALP）/（U/L）	226.8	276.8	206.5	313.3	356.4	275.96	54.967
尿素（Urea）/（mmol/L）	11.14	9.46	11.50	9.25	7.70	9.81	1.379
肌酐（CRE）/（μmol/L）	14.2	15.5	13.0	13.6	14.5	14.16	0.845
尿酸（UA）/（μmol/L）	98.2	58.0	66.2	50.1	70.8	68.66	16.379

表6　C57BL/6小鼠（雌性）血清生化数据

编号	11	12	13	14	15	均值	标准差
谷丙转氨酶（ALT）/（U/L）	19.5	25.7	21.1	24.1	26.2	23.32	2.611
谷草转氨酶（AST）/（U/L）	105.8	138.0	134.8	153.5	200.0	146.42	30.909
总蛋白（TP）/（g/L）	56.89	60.88	55.43	56.69	52.31	56.44	2.759
碱性磷酸酶（ALP）/（U/L）	171.2	141.4	203.9	216.0	206.1	187.72	27.633
尿素（Urea）/（mmol/L）	10.15	11.78	9.62	13.90	13.17	11.72	1.657
肌酐（CRE）/（μmol/L）	12.8	14.0	11.1	12.5	11.7	12.42	0.991
尿酸（UA）/（μmol/L）	49.0	51.8	38.2	47.7	53.4	48.02	5.305